U0324778

手工慢调：达人手作课堂

黏土萌物志

黄树青　马娟◎著

机械工业出版社
CHINA MACHINE PRESS

前言

算起来，从开始接触黏土到现在也有七八年时间了，我们两个作者热爱黏土，也因土结缘，成了生活中的好闺蜜。随着黏土手工的流行，达人也越来越多，我们能够出这本书也是机缘巧合，希望本书能给大家带来快乐和帮助。

黏土这个东西真的是太有魅力了，让人爱不释手，即使你没有美术基础也可以捏出可爱美观的作品，材料也可以很容易买到，闲暇之余拿出一块黏土揉一揉，捏一捏，变换出各种形态的小东西会让心情跳跃起来。当你积攒了满满一柜子的作品时，那是一种随时都能溢出来的快乐。当亲朋好友过生日时，不用再为送什么礼物而伤脑筋了，捏个小玩意儿，加个小配件，融入你的诚意，就已经是独一无二的礼物了。试想，谁收到这样特别的礼物不感到欢愉呢？此外，在亲子时间与孩子互动时，也可以快速增进与孩子之间的感情。

本书中含有 34 个作品，形象 Q 萌，不仅有摆件，还有具有实际用途的生活用品，如玩具、饰品、收纳用品、相框、音乐盒、门挂、名牌等。所有的教程均采用易于理解的实操照片进行图示，便于读者学习操作。同时还设置有小栏目，配备了 11 个基础技法的小视频，方便零基础读者学习。本书最后设置了一个小板块——其他作品欣赏，方便大家延伸学习。

本书中每个作品的制作和视频教程的拍摄工作，都花费了我们很多心血，尤其我们两人因为工作原因不在一个城市，工作之余经过无数次的沟通，你来我往的邮件交流，熬夜的制作编辑，才有了这本看似简单的书的问世。它不完美，但我们百感欣慰。书中不完善之处欢迎读者朋友们不吝批评指正。

如果你还没玩过黏土，请跟随我们来体验一下吧，或许它会成为你毕生的爱好。不要顾忌自己的年龄，因为黏土可以是所有人的玩具，它可以带你回到童年，带给你单纯的美好。

黄树青

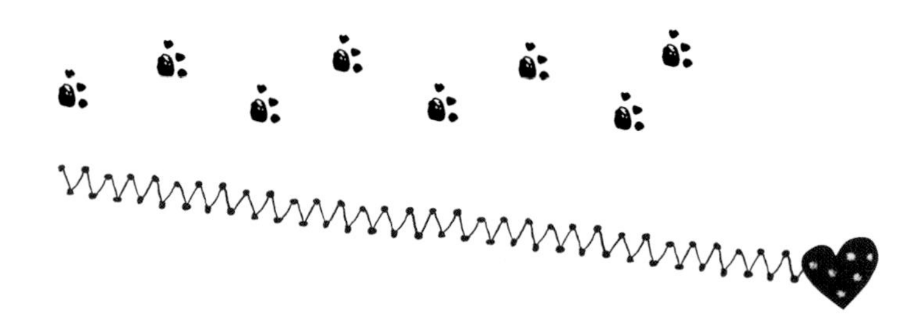

目 录

第四章 黏土活了

第五章 把幸福收纳进来

第六章 框起满满的回忆

其他作品欣赏

黏土二三事

纸黏土

主要成分：纸浆、粘剂、发泡剂、水、色素。

特点：质地细腻，延展性好，便于捏塑。

使用说明：

1. 使用前洗干净双手，避免将颜色弄浑浊。
2. 纸黏土接触空气后容易干燥，因此注意随时用保鲜膜包好，也可用密封罐收好，以延长纸黏土的寿命。
3. 若没用完的纸黏土有点干，可以加入新土或者加一点水，重新用手捏匀。
4. 使用护手霜，避免纸黏土粘手或粘在工具、垫片等上面。
5. 做人物娃娃时，可先做好头部，待干燥后再操作，避免面部变形。
6. 作品完成后自然风干，干燥后可喷上亮光漆或者刷上透明指甲油增加质感，方便日后保存及清理。

黏土干后如何处理？

1

把黏土捏成片状。

2

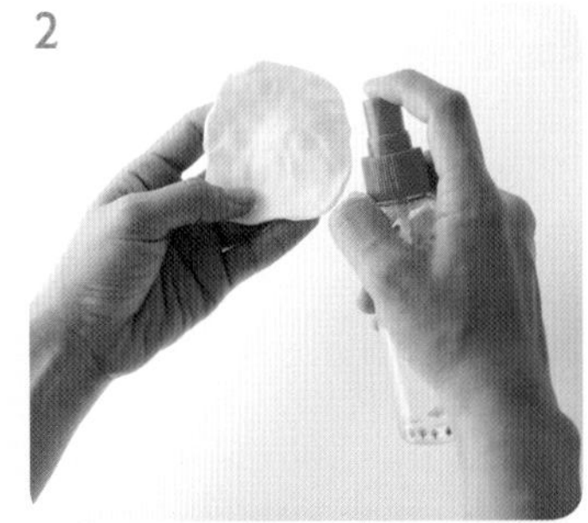

用喷壶喷两下即可，每下不要喷多，也可以少量多次。

3

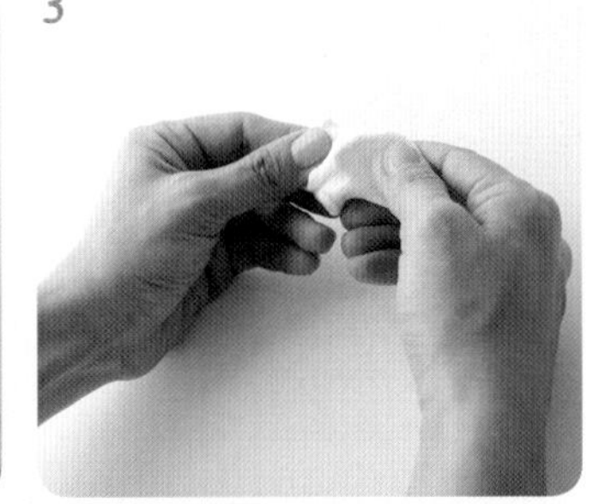

揉捏到纸黏土恢复柔软即可。

奶油土

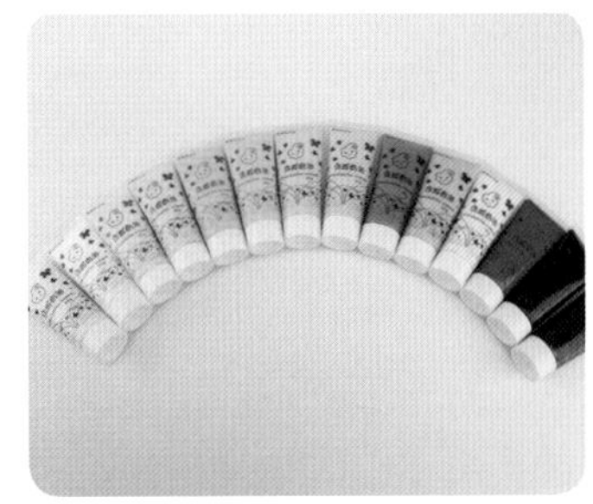

主要成分：白胶、淀粉。

特点：奶油土兴起于仿真食品，质地和奶油非常相似，操作技巧和真奶油一样。

使用说明：

1. 奶油土多为三角袋包装，可以剪小孔挤出线条，或者装上裱花嘴挤出奶油花。裱花嘴的使用方法如图示。
2. 用完后，把裱花嘴取下洗干净，剩下的奶油土一定要绑好封口，避免硬化。

创造色彩

纸黏土的基本颜色为白色、黑色、红色、黄色、蓝色。将这些颜色混合，就能够产生各种漂亮的颜色。虽然各厂商的配方有差别，但基本的调色方法是一样的。调色时要分清楚主色和辅色，辅色一点一点地加，不要等比例加辅色，否则不但得不到自己想要的颜色，还会浪费很多纸黏土。

主色+辅色=混合色

红色+蓝色=紫色

红色+黑色=枣红色

黄色+红色=橙色

黄色+蓝色=绿色

橙色+黑色=咖啡色

白色+红色=粉红色

白色+黄色=浅黄色

白色+蓝色=浅蓝色

白色+黑色=灰色

仿真果酱

工具及其他配件

塑形工具常常是成套的（如3件式工具、5件式工具、7件式工具），只需要购买基本组合就够用了。塑形工具可用于制作压痕、戳孔等。

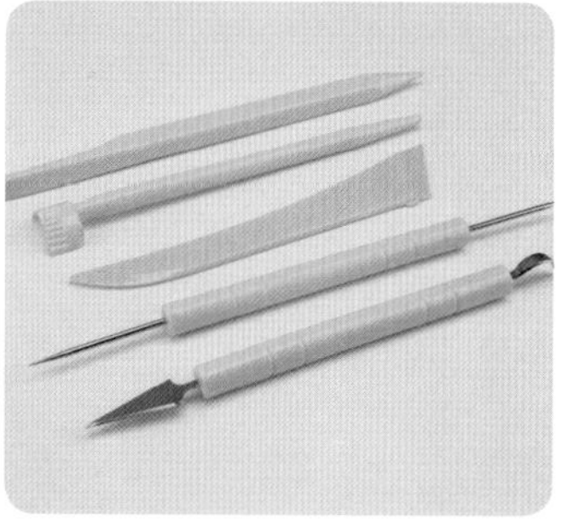

5 件式工具

3 件式工具

白胶

①白棒、②剪刀、③吸管、④七本针、⑤圆头笔、⑥刀片

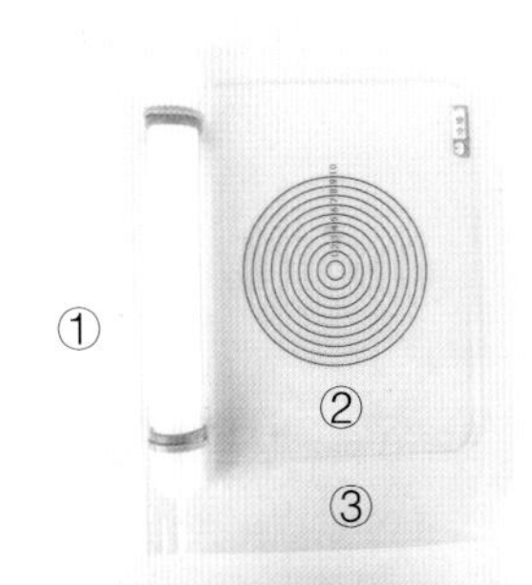

①擀棒、②亚克力压板、③文件夹

①色粉条、②颜料、③画笔

部分木头配件

泡沫球

仿真食品配件

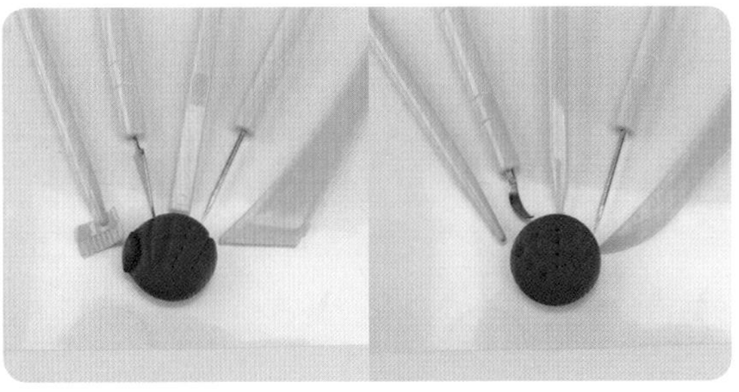

金银粉

工具的使用方法

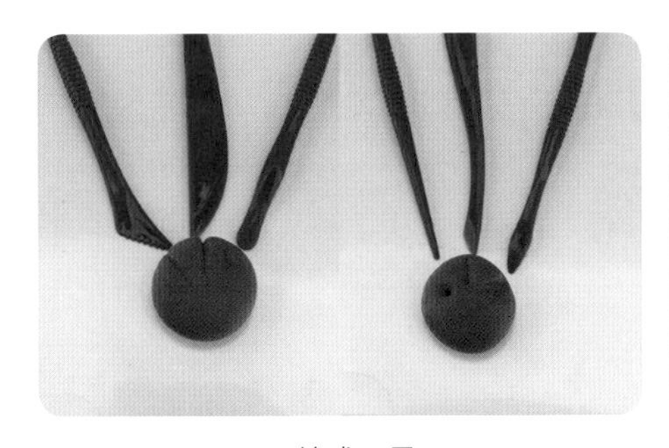

三件式工具

五件式工具

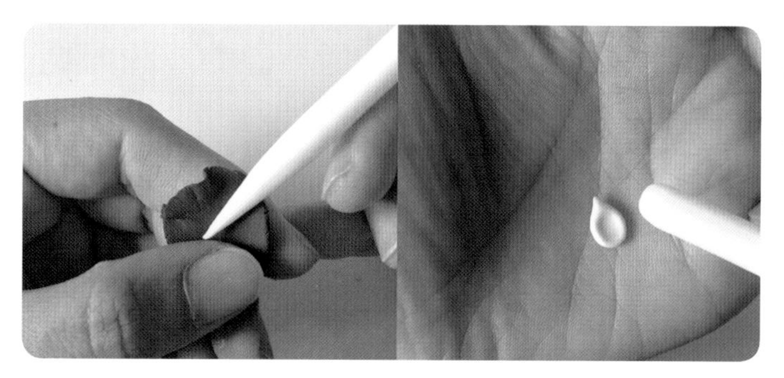

白棒

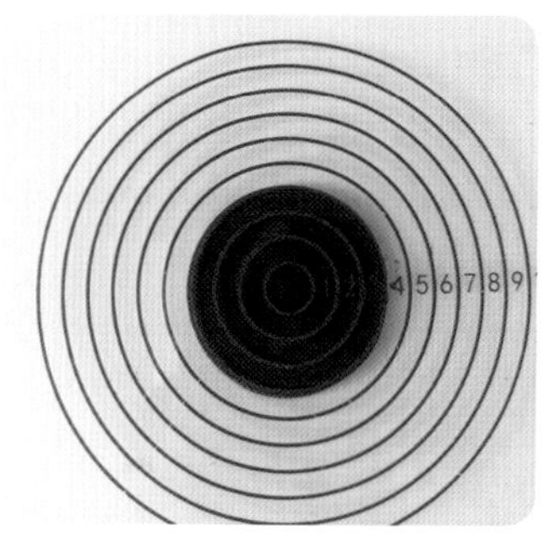

压盘（将纸黏土小范围均匀压平）

圆头笔、丸棒

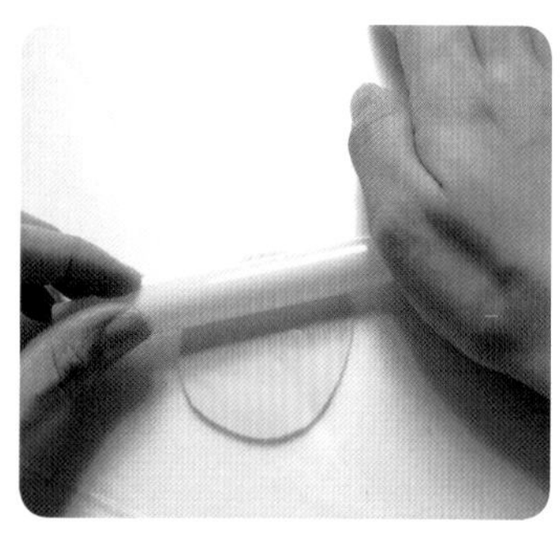

文件夹（防止黏土粘在桌子上，制作黏土作品必备工具）、擀棒

擀棒的使用秘笈

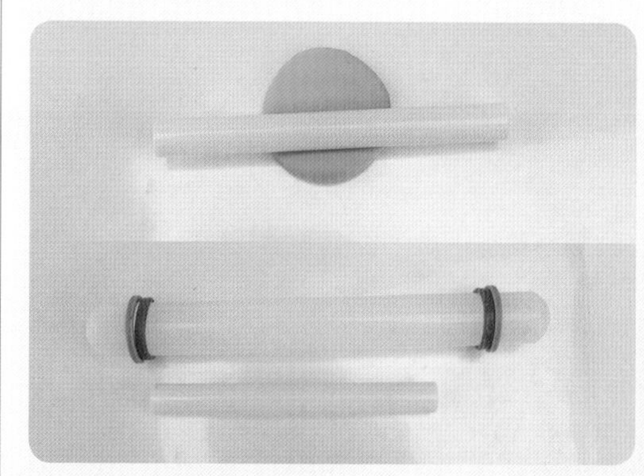

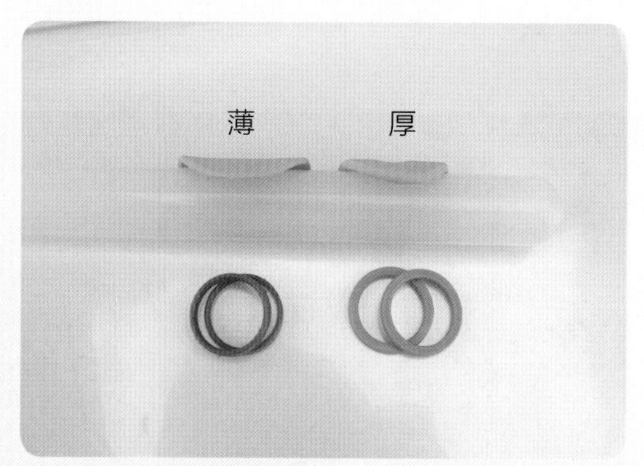

擀棒可以大范围地均匀压平黏土，在两端套上两根皮筋，可调整黏土的厚度，防止黏土不均匀。

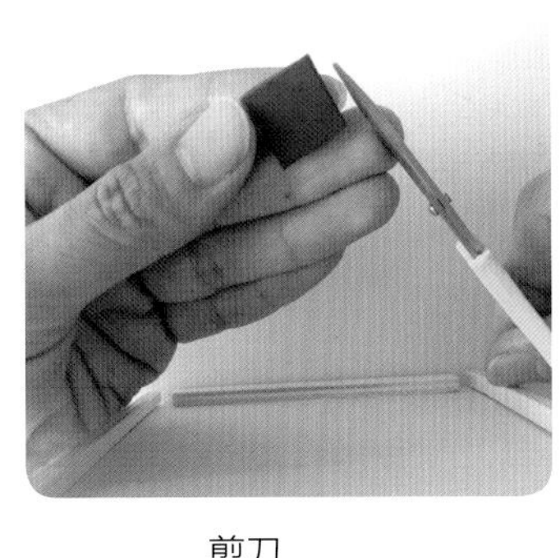

剪刀

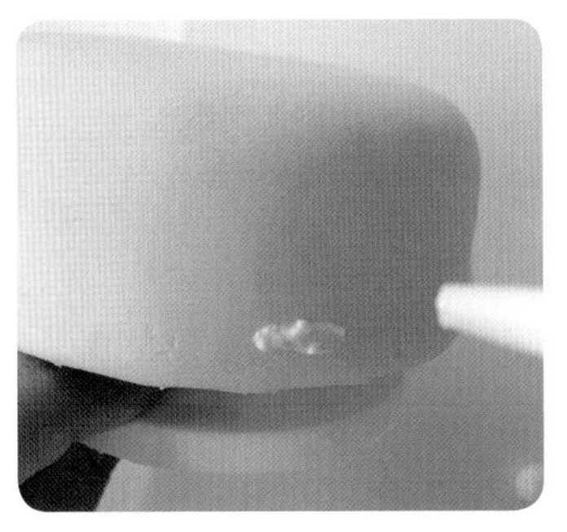

白胶

吸管

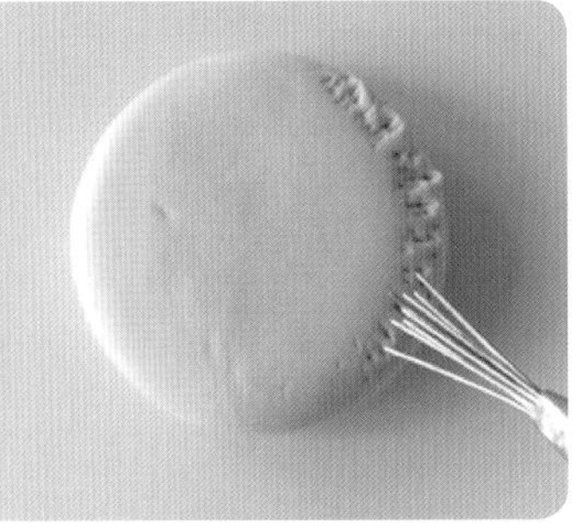

七本针

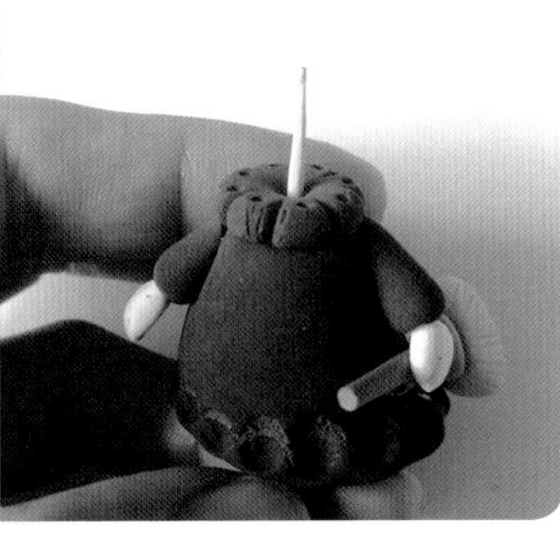

牙签

晾晒板

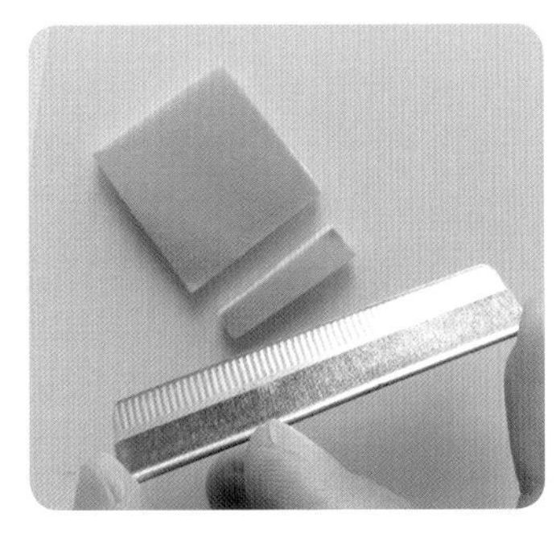

刀片

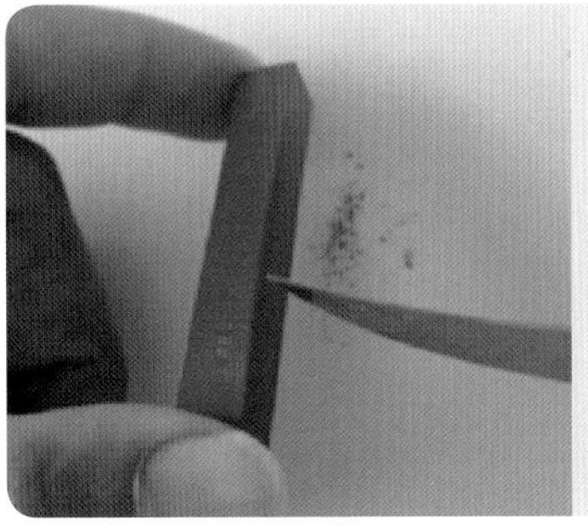

色粉条

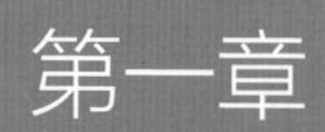

第一章

日常小杂货

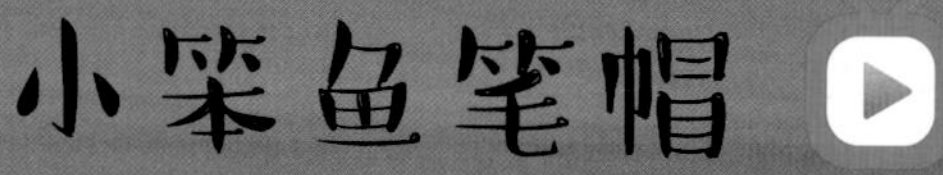

小笨鱼笔帽

·材料及工具·

纸黏土，压痕工具，仿真果酱，笔，亚克力压板。

· 步 骤 ·

1

取适量蓝色纸黏土揉圆。

2

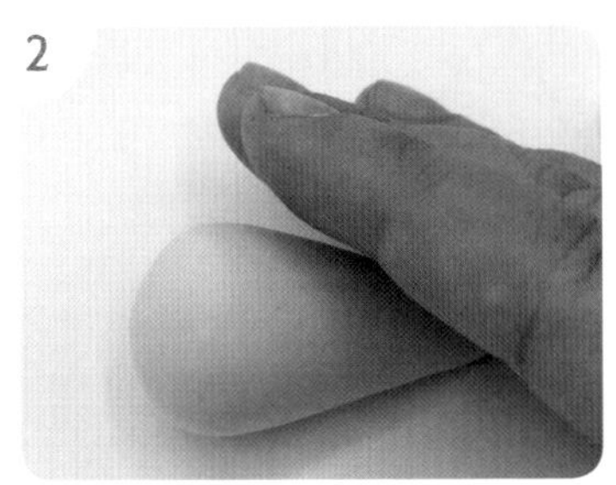

揉成水滴形。

3

插在笔的顶端做身子。

步骤 1
圆球的
揉法视频

步骤 2
水滴制作
视频

4

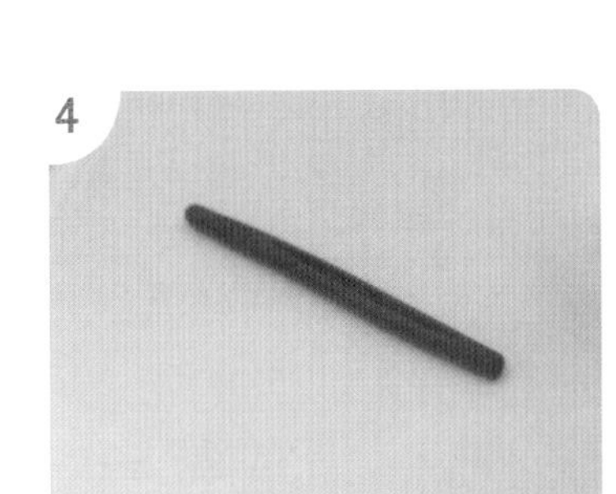

取适量红色纸黏土用亚克力压板均匀揉成长条状。

5

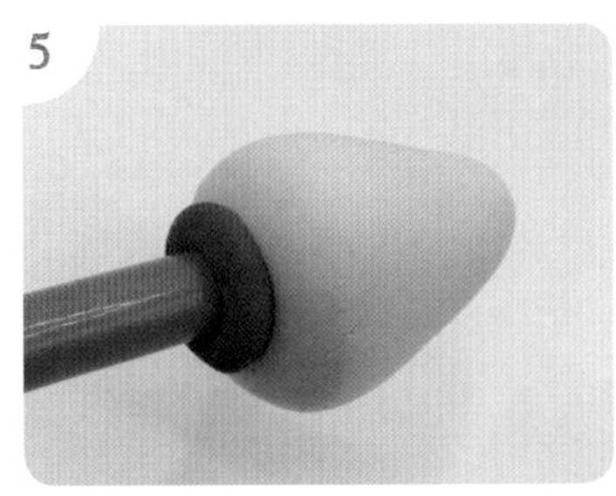

粘在笔上围一圈，做嘴巴。

6

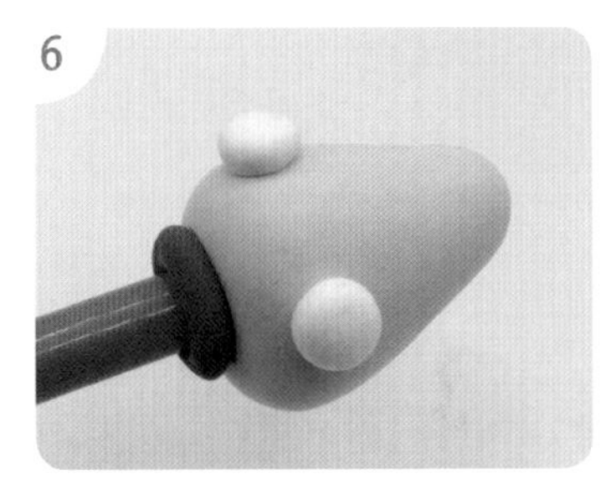

取适量白色纸黏土揉圆，做眼睛。

7

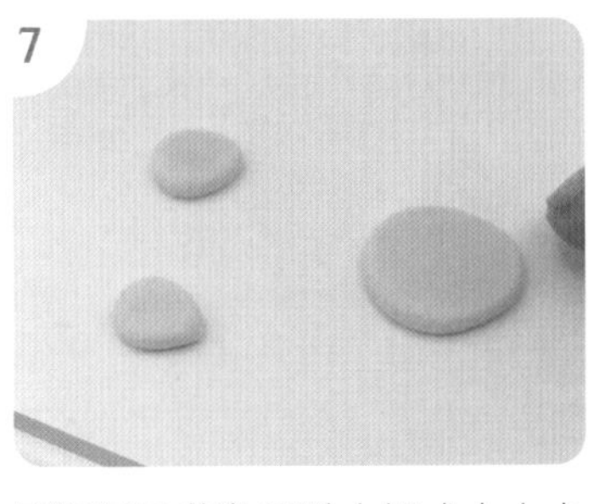

再取适量蓝色纸黏土揉成大小水滴状，压扁，做鱼鳍和鱼尾。

8

分别做压痕。

9

确定鱼鳍和鱼尾位置并组合到一起。

10

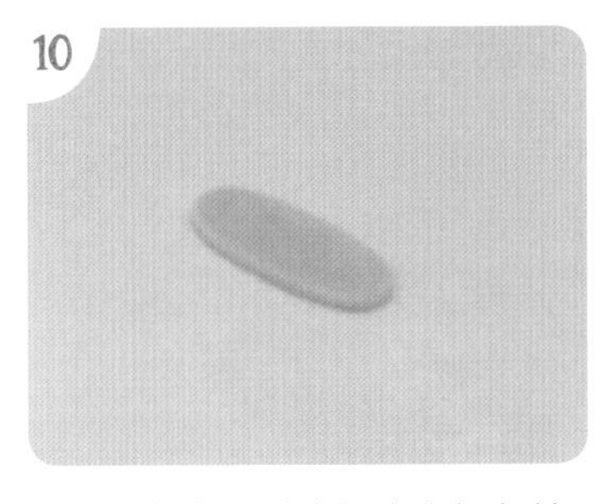

取适量蓝色纸黏土揉成小长条并压扁。

11

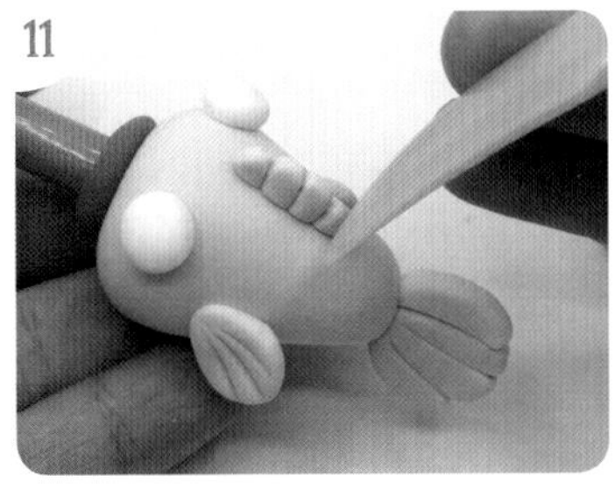

将压扁的小长条粘到鱼身上做背鳍，并做压痕。

12

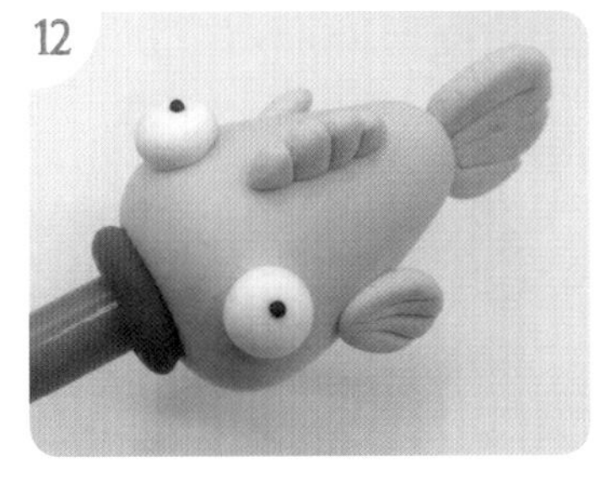

用仿真果酱做眼睛。

有了这样可爱的笔，是不是忍不住想要写字呢！

鱿鱼仔冰箱贴

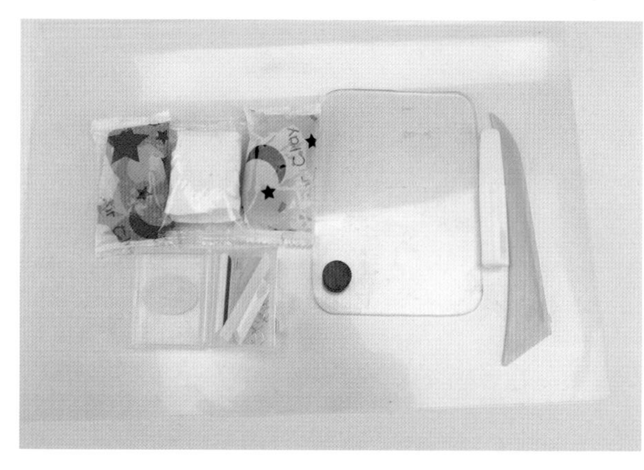

材料及工具

纸黏土，吸管，磁铁，亚克力压板，白胶、压痕工具（用于切段等）。

· 步骤 ·

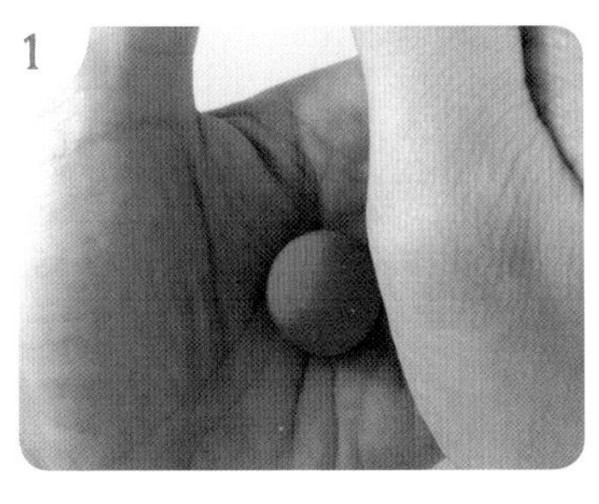

取适量红色纸黏土揉圆、压扁。

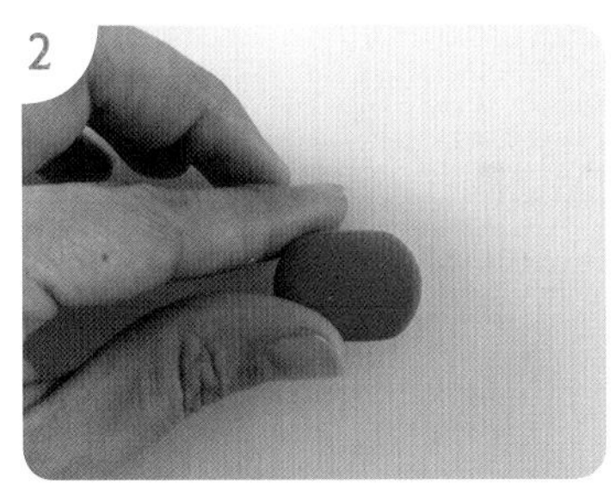

用亚克力压板上下压，压出方形。

用吸管压出嘴巴。

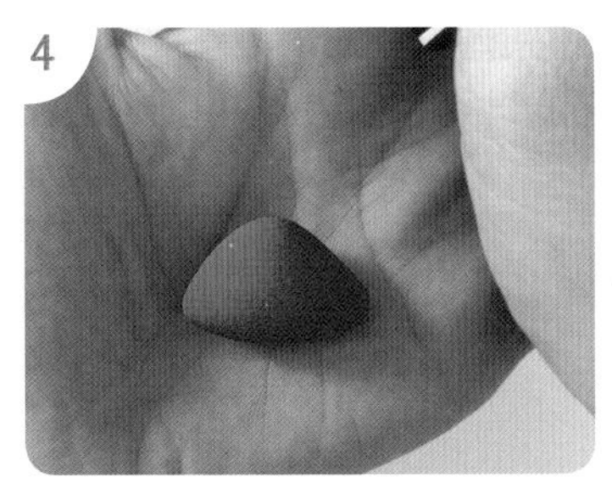

再取适量红色纸黏土，揉成图示形状。

用亚克力压板压扁。

用手指造型。

组合上述步骤所得两个部位，再揉出 2 个水滴，粘在上方的两侧。

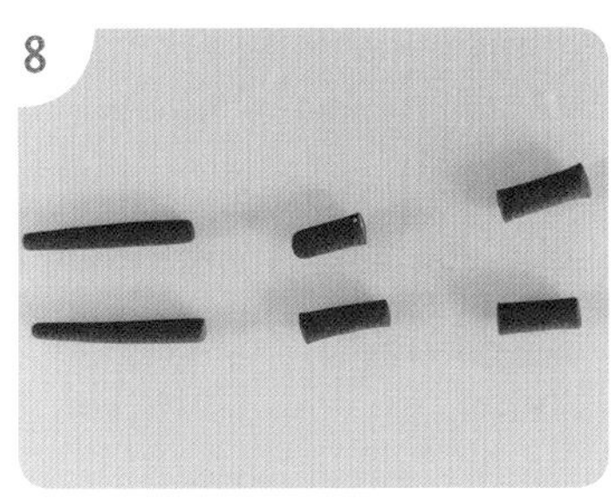

继续取适量红色纸黏土，用手揉成长条，分成如图所示小段，作为触角。

按图示组合触角，并将较长的两段粘在两侧，按图示做造型。

做出眼珠。

背部粘上小磁铁。

按图示做出其他造型。

猪猪雪糕冰箱贴

·材料及工具·

纸黏土，花形模具，冰棍棒，磁铁，压痕工具，仿真果酱，亚克力压板。

· 步 骤 ·

1

取适量白色、粉色纸黏土分别揉圆。

2

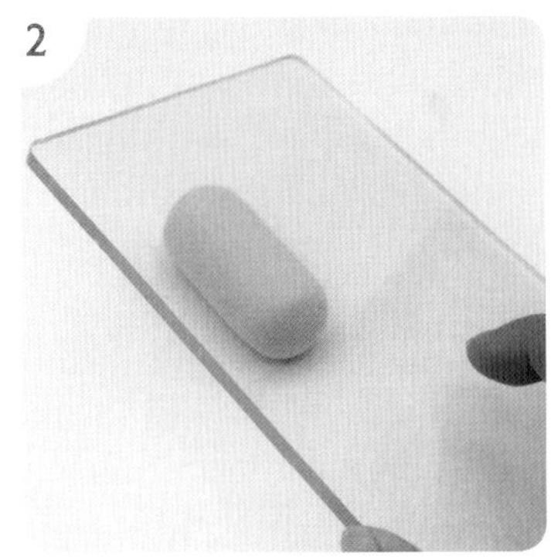

将粉色纸黏土用亚克力压板均匀揉成圆柱形。

3

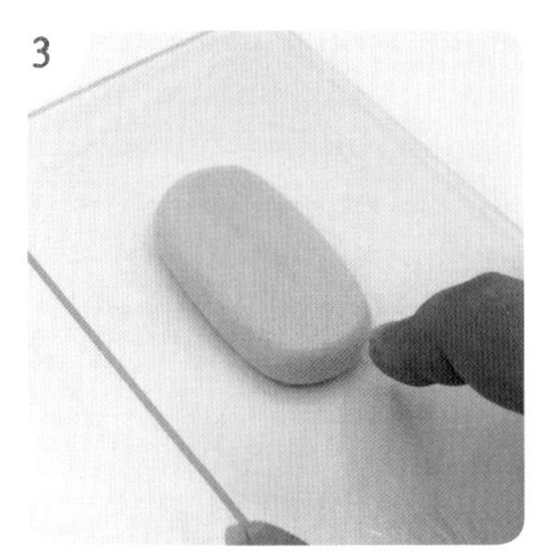

将圆柱轻轻压扁，注意不要太扁，要有一定厚度。

4

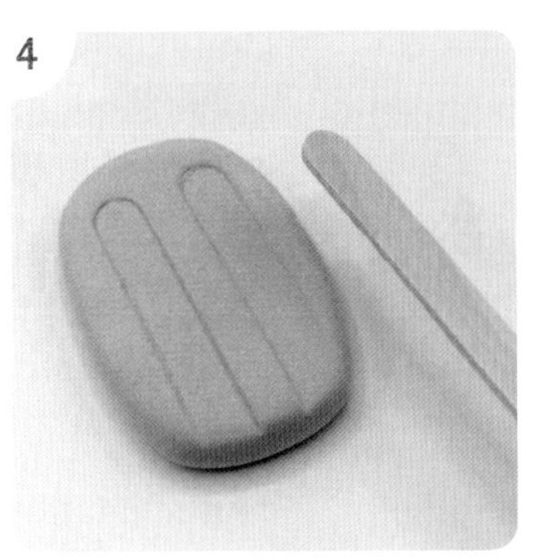

用冰棍棒压出痕迹。

5

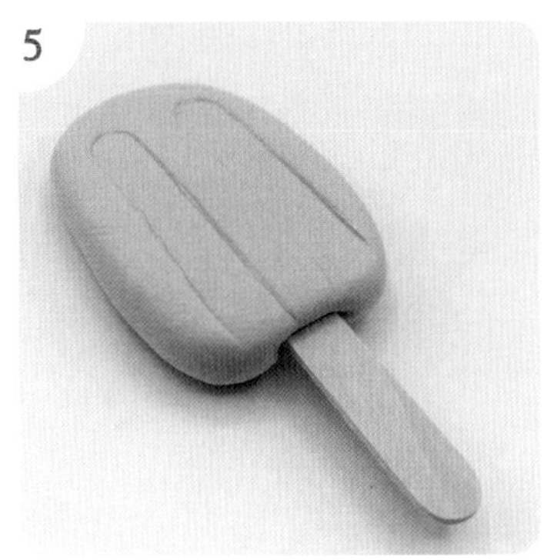

将冰棍棒插入底部，雪糕主体完成。

6

将揉好的白色纸黏土压扁。

7

用花形模具压出花形。

8

用手轻拉周围做出不规则的形状。

9

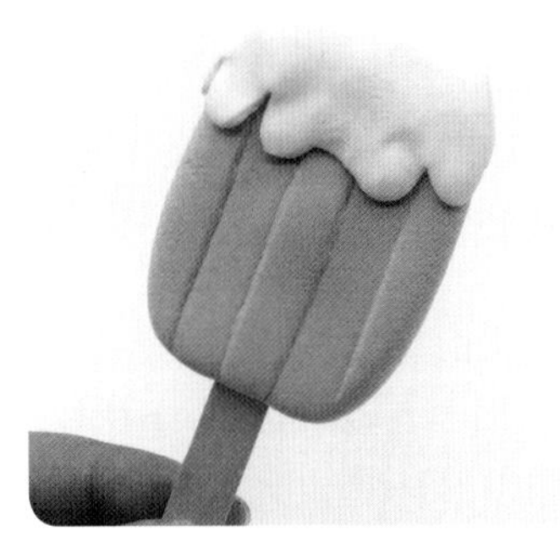

与雪糕主体组合，做雪糕上的奶油。

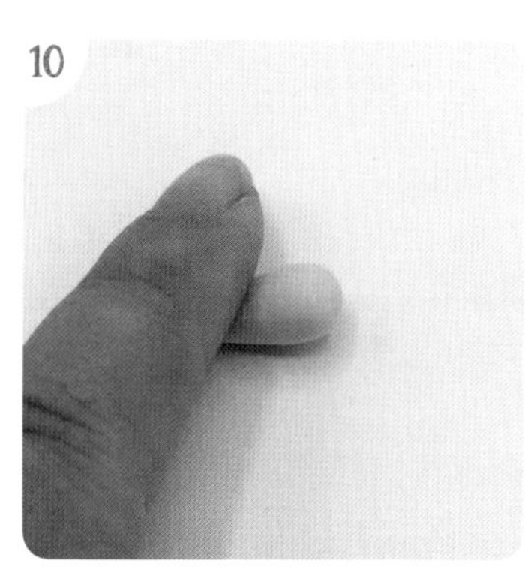

取适量粉色纸黏土揉两个水滴。

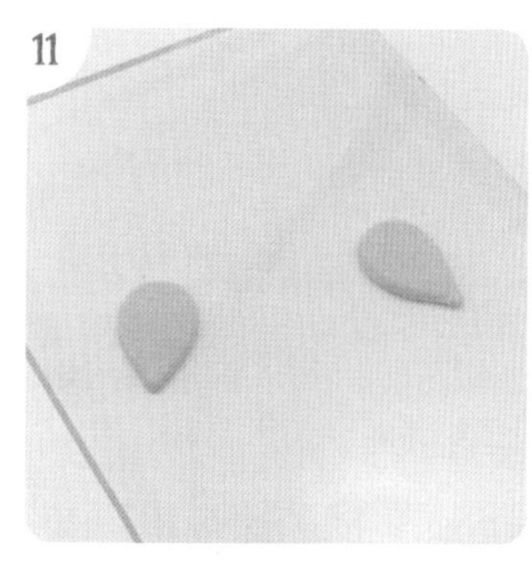

用亚克力压板将水滴压扁。

将压扁的水滴装饰在顶端两侧做耳朵，再揉个椭圆，戳两个孔后做鼻子。

用仿真果酱（或黑色纸黏土）做眼睛。

用红色纸黏土揉两个小扁圆做脸蛋装饰。

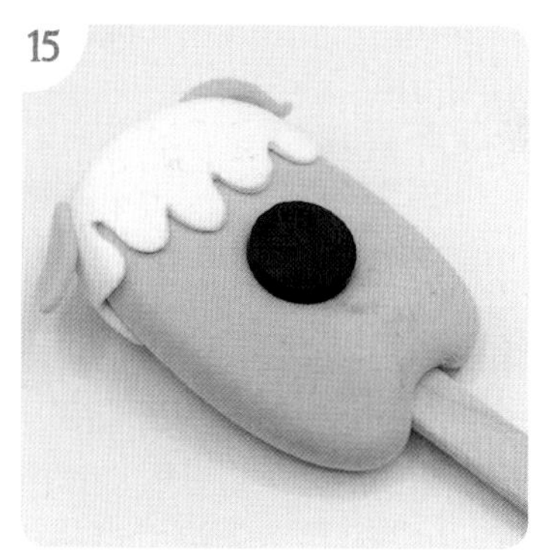

背部粘上磁铁。

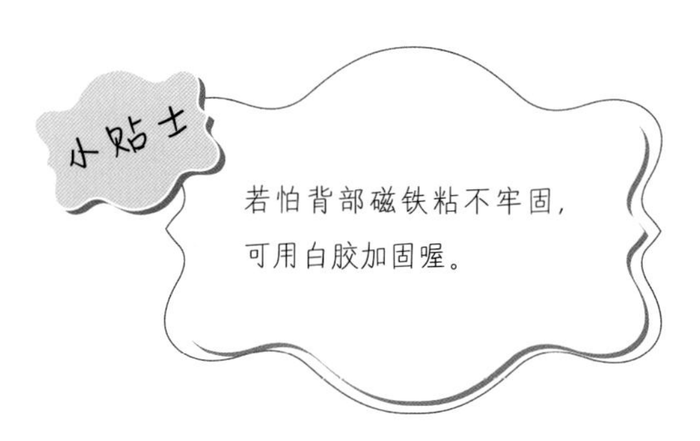

长颈鹿门挂

·材料及工具·

木头配件，纸黏土，吸管，白棒。

· 步骤 ·

1

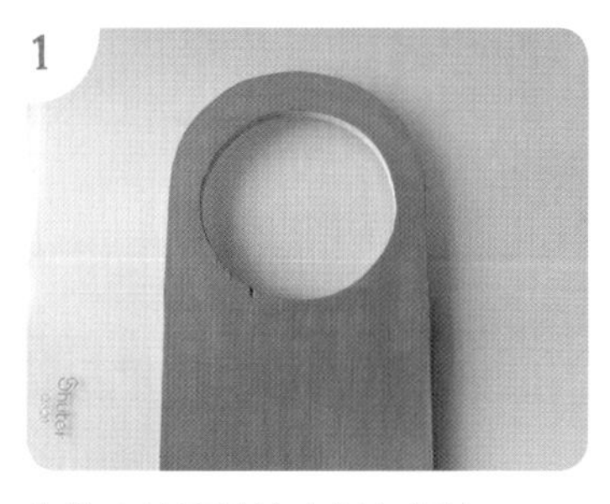

先给木头配件涂上绿色颜料。

2

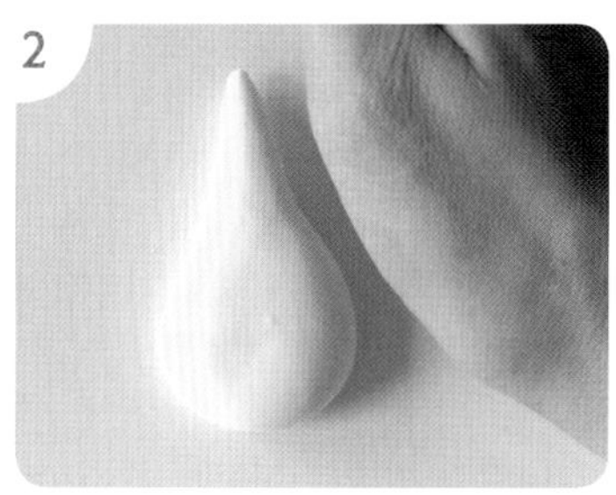

取适量黄色纸黏土揉成长水滴形，压扁。

3

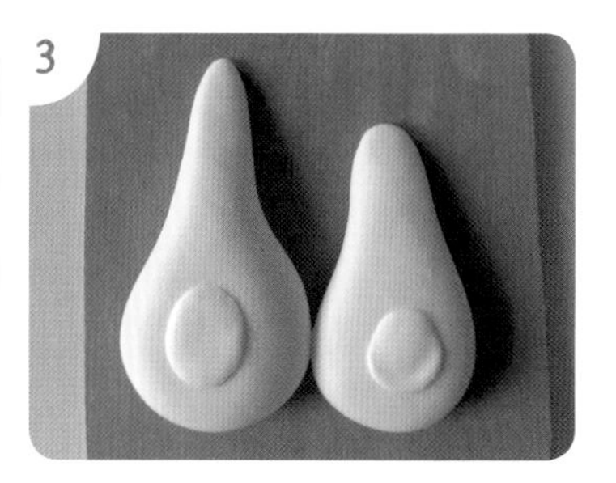

将上部所得粘在木头配件上，再粘白色圆饼做出长颈鹿的肚皮。

4

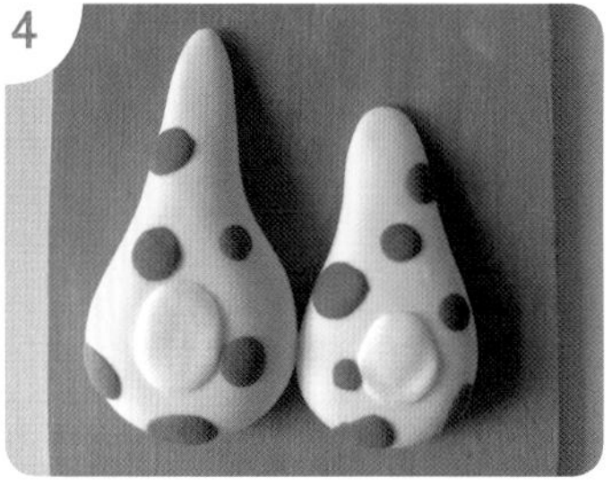

做出长颈鹿身上的花纹。

5

再取适量黄色纸黏土揉出胖水滴形，压扁。

6

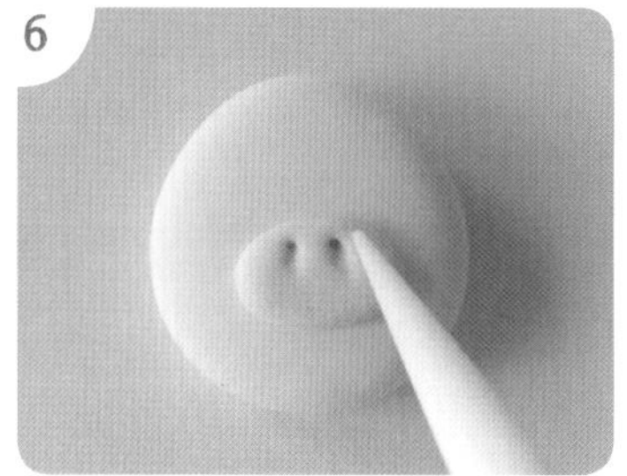

混合出适量肉色纸黏土做出椭圆形，压扁，用白棒压出长颈鹿的鼻孔。

步骤 2
长水滴制作视频

步骤 10
三球蝴蝶结制作视频

7

用吸管压出长颈鹿的嘴巴。

8

做出长颈鹿的眼睛。

9

做出长颈鹿的角和红晕。

10

做出长颈鹿的耳朵和蝴蝶结。

11

做出字母，完成。

熊猫休息板

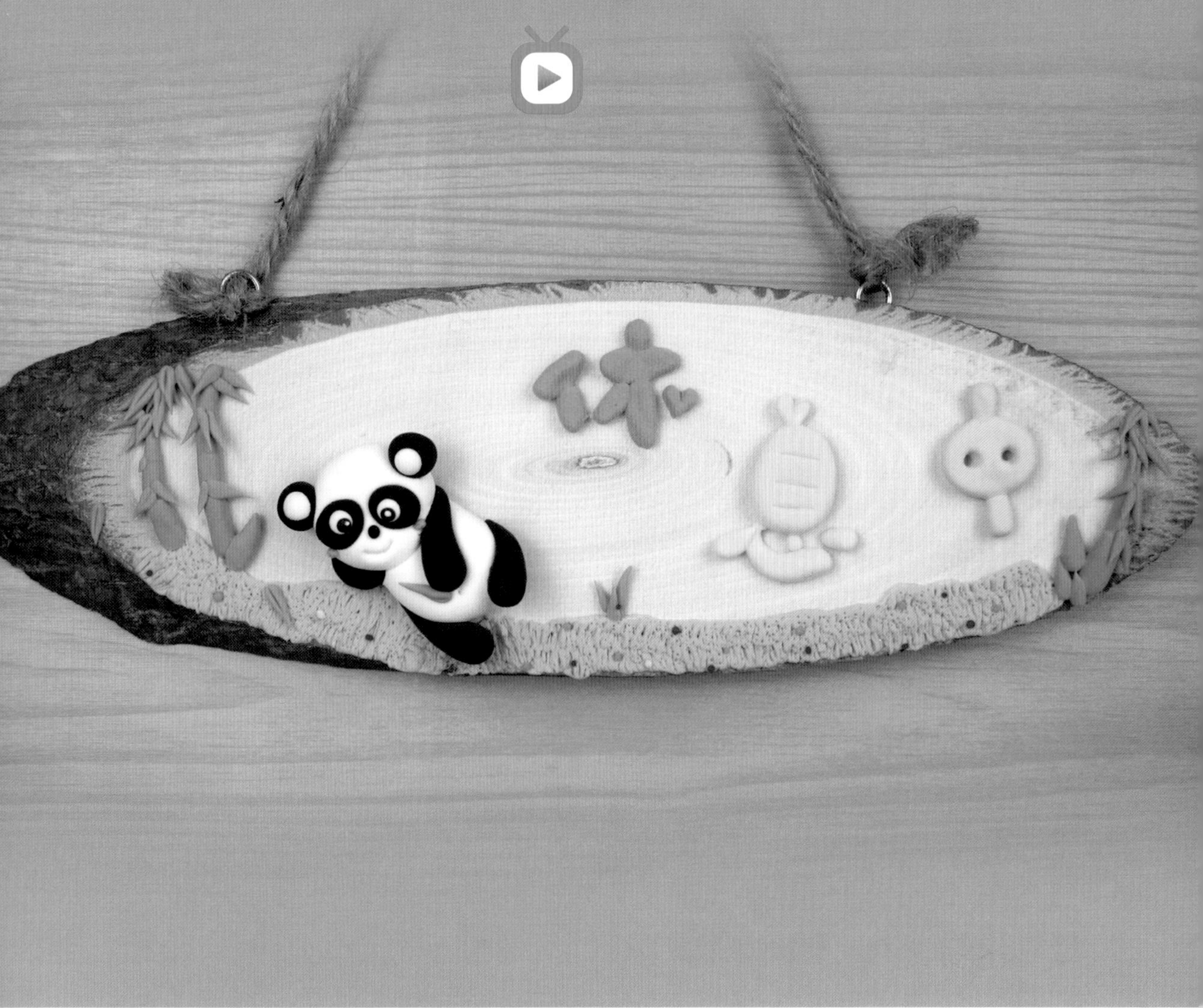

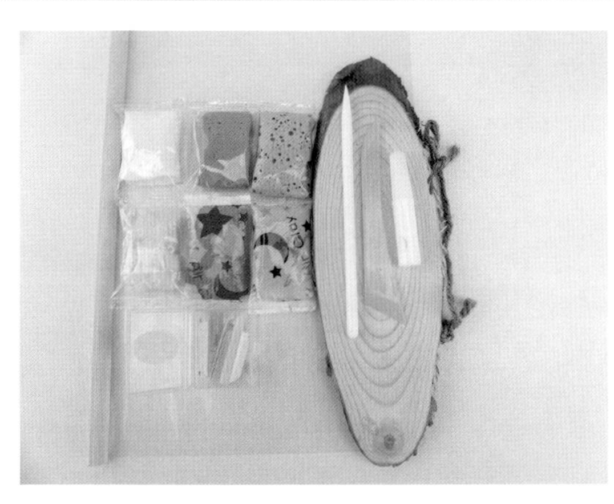

·材料及工具·

纸黏土，吸管，木头配件，白棒，压痕工具，白胶。

· 步 骤 ·

1

取适量白色纸黏土揉成水滴形，做熊猫的身体。

2

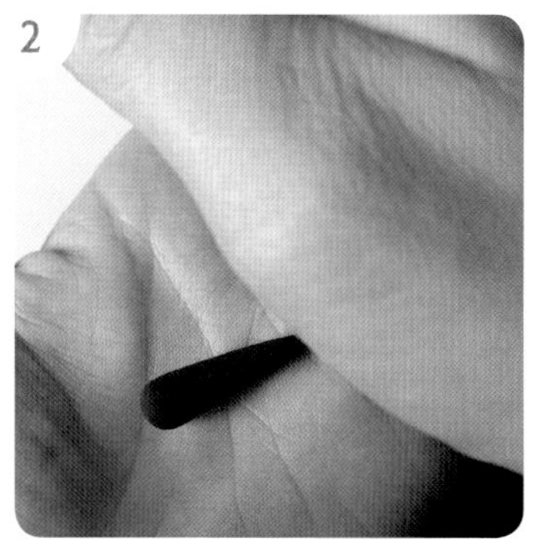

取适量黑色纸黏土揉成水滴形，做熊猫的手臂。

3

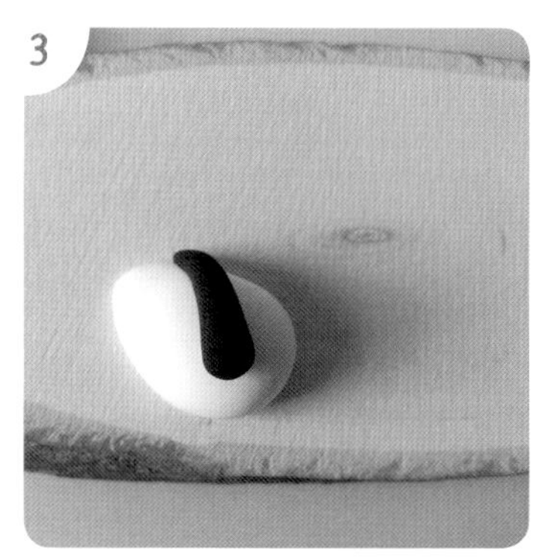

按图示组合。

4

取适量白色纸黏土揉圆，做熊猫的头部。

5

做出熊猫的耳朵。

6

做出熊猫的眼睛、鼻子和嘴巴。

7

做出熊猫的双脚。

8

在木头配件上涂上白胶。

9

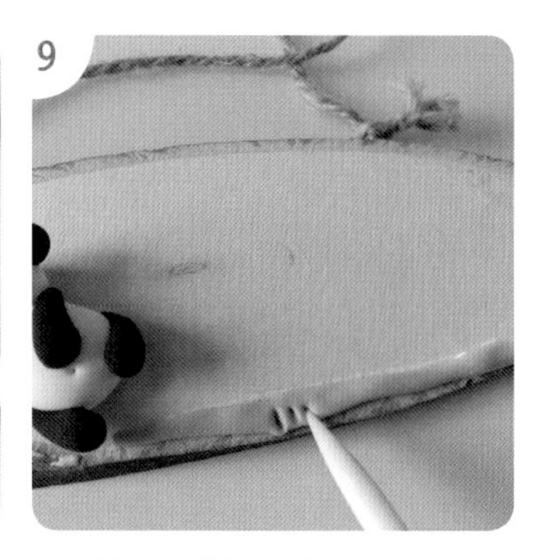

用白棒压出草地的效果。

两边都要做出草地，草地的长度随意，也可参照本作品大图。

按图示做出竹子。

可以多做几根。

步骤 10
草地制作
视频

按图示做出文字。

右边也做些竹子就完成啦。

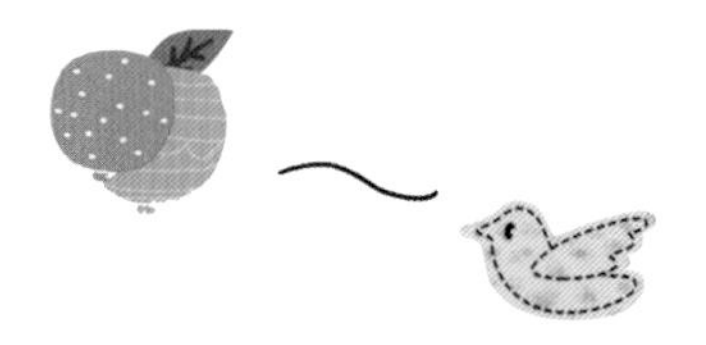

猪团子名牌

·材料及工具·

纸黏土，树纹模具，亚克力压板，七本针，戳孔工具，压痕工具。

· 步 骤 ·

1

取适量粉色纸黏土揉圆。

2

取适量深粉色纸黏土揉两个小水滴，压扁做耳朵，揉一个椭圆压扁，用戳孔工具戳俩孔做鼻子。

3

取适量白色、黑色纸黏土分别揉圆做眼睛和眼珠，再揉两个小小的圆点做光点。

4

揉两个粉色小圆球做脸蛋。

5

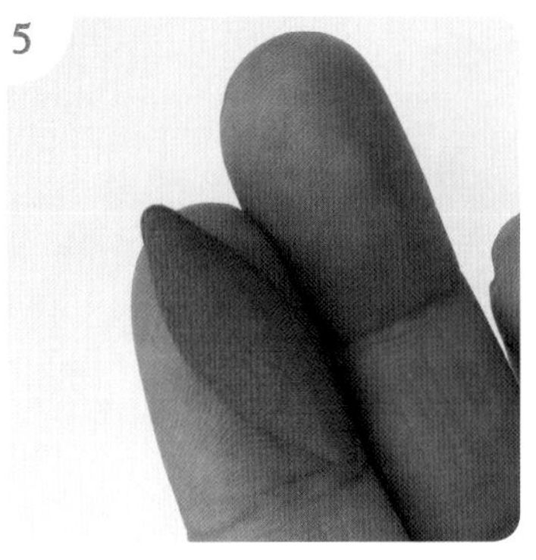

取适量红色纸黏土揉成两头尖的橄榄形，压扁。

6

对折后用戳孔做工具压痕。

7

做两个粘在小猪头顶做蝴蝶结。

8

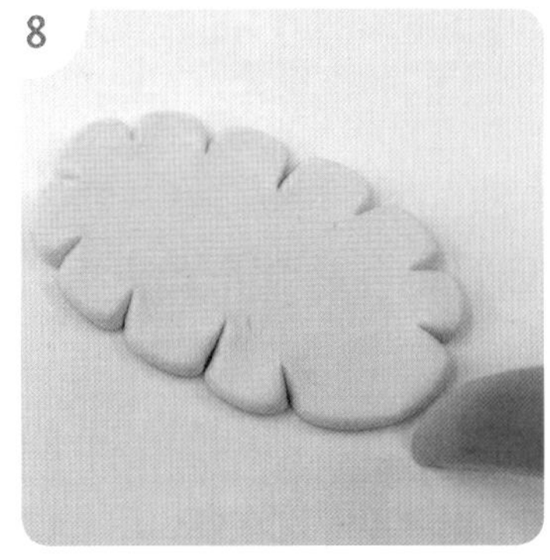

取适量粉色纸黏土揉成粗长条，用亚克力压板压扁，用压痕工具向内推压一圈。

9

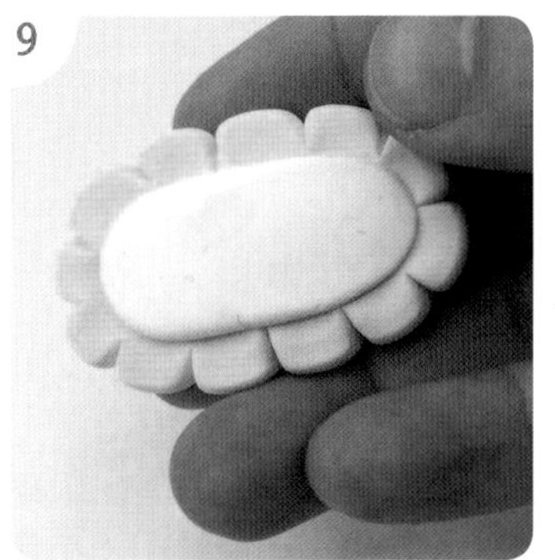

用白色纸黏土制作同样的椭圆，压扁，粘在压完痕迹的粉色纸黏土上面。

步骤 7
折叠蝴蝶结制作视频

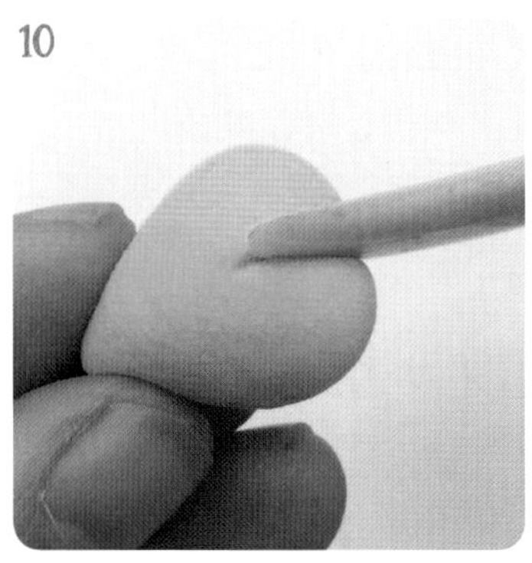

取适量粉色纸黏土揉成水滴形，在圆的一头中间用压痕工具做心形。

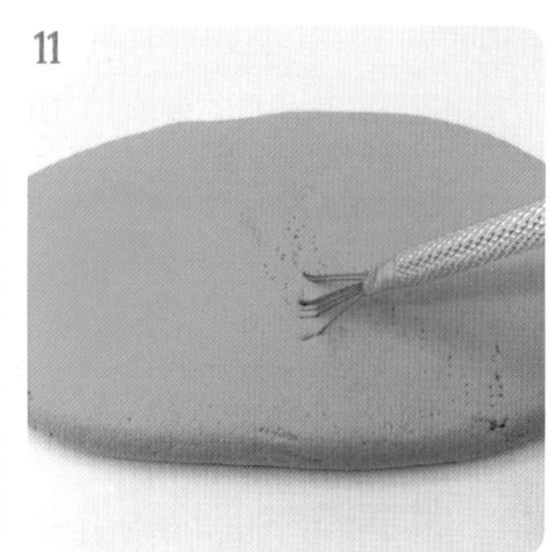

取适量绿色纸黏土揉成粗长条，压扁，用七本针戳孔做草地。

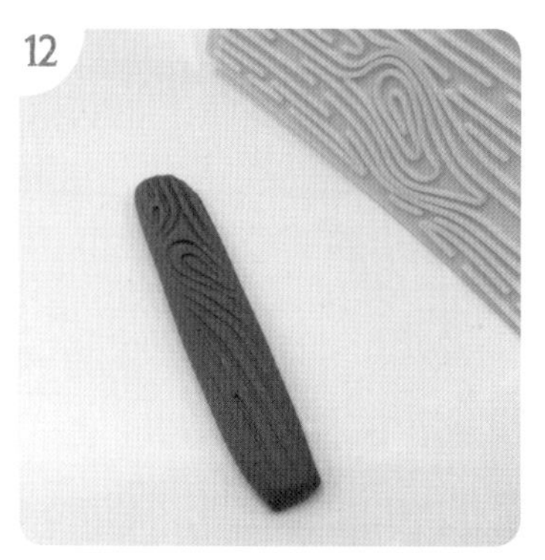

取适量棕色纸黏土揉成长条，轻轻压扁，用树纹模具做压痕。

再多做几块做草地上的栅栏，将顶端捏尖。

用同样的方法做几只小猪和几个心形，将所有配件组合到一起。

喵喵狮便笺本

·材料及工具·

纸黏土，压痕工具，吸管，仿真果酱，打孔器，钥匙环，卡纸，亚克力压板。

· 步骤 ·

1

取适量白色纸黏土揉圆。

2

把圆球用亚克力压板压扁。

3

取适量黄色纸黏土揉若干小圆球围白色圆片一周。

4

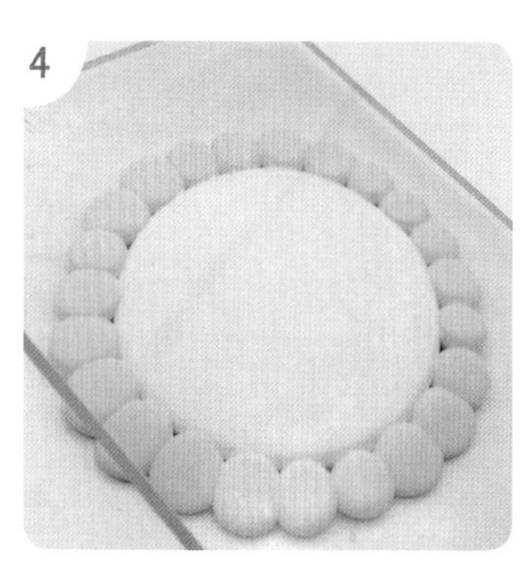

用亚克力压板将整体压扁，注意最外围的偏薄一些。

5

用吸管在上方扎个小孔。

6

揉两个小水滴压出痕迹做爪子。

7

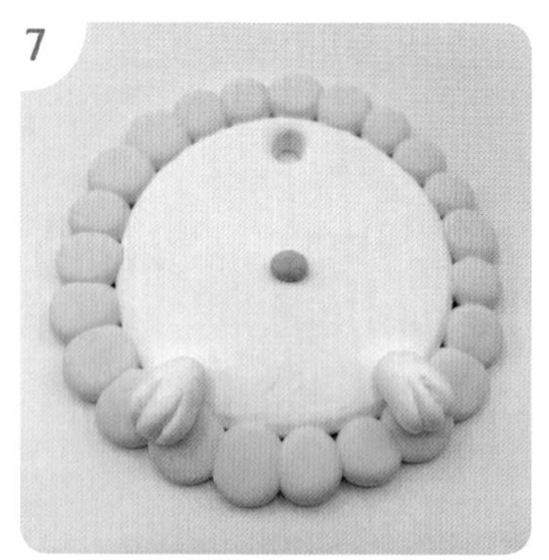

用粉色小椭圆做鼻头。

8

将两个黑色椭圆轻压扁做眼睛。

9

用仿真果酱画胡须等。

用白色小圆点做眼睛的高光。

取适量黄色纸黏土揉圆，压扁到跟第 2 步所得大小一致。

在相同位置扎孔。

将卡纸裁剪成大小相等的圆形，全部在相同位置打孔。

组合安装。

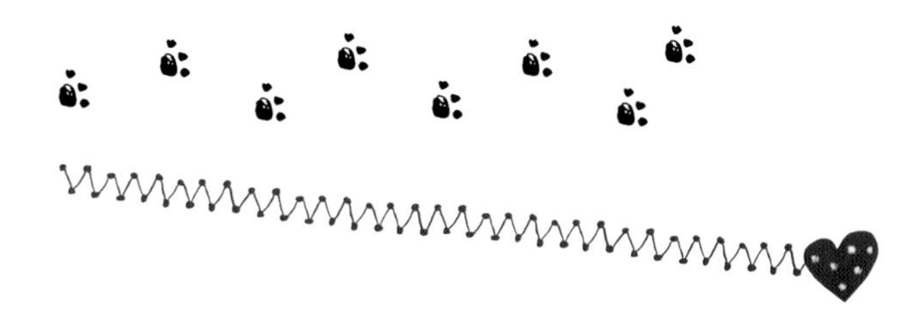

·材料及工具·

纸黏土，幻彩珠，刀片，剪刀，
亚克力压板。

· 步 骤 ·

1

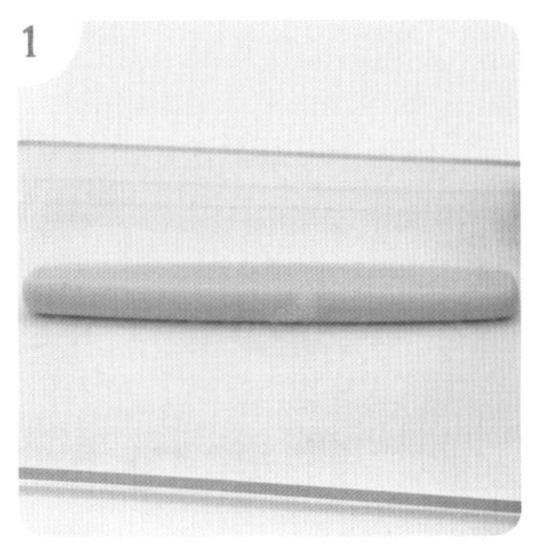

取适量蓝色纸黏土揉圆，用亚克力压板均匀揉长。

2

压扁，但不要太扁。

3

用刀片修整成长方形，再压出格子痕迹。

4

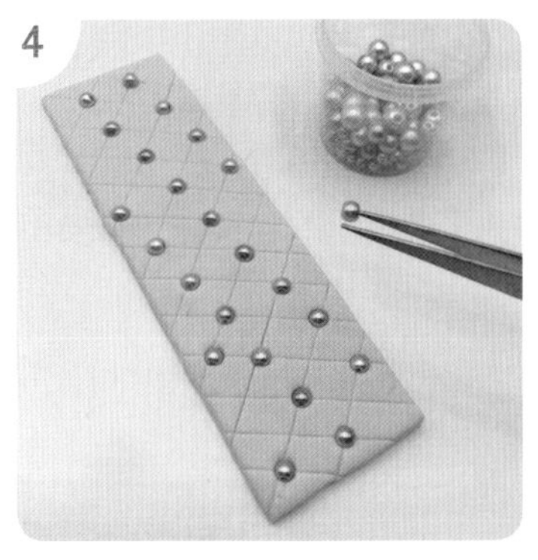

装饰幻彩珠。

5

首尾连接成筒状。

6

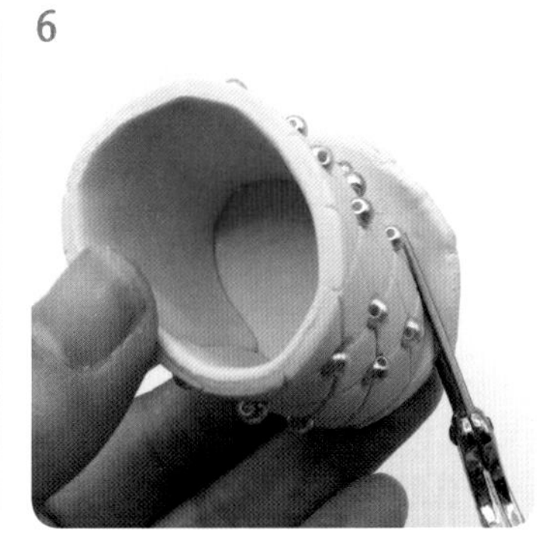

再取适量蓝色纸黏土揉圆压扁，将筒状部分粘在压扁的圆片上，用剪刀修剪掉多余部分。

7

取适量蓝色纸黏土揉两个长条压扁后用刀片修整。

8

将长条粘在主体上做包带。

9

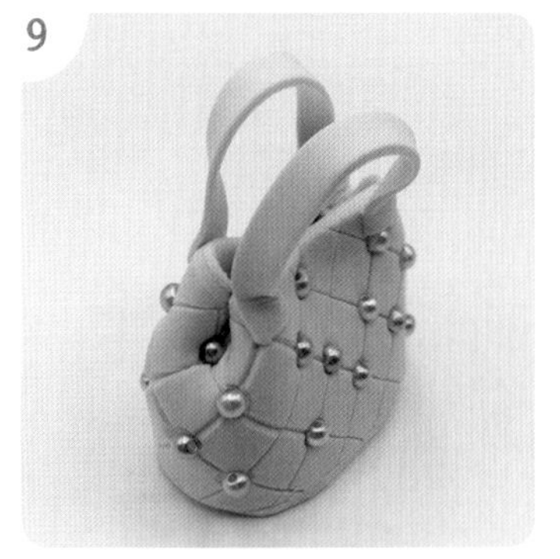

两侧内推捏压，做出造型。

双人沙发

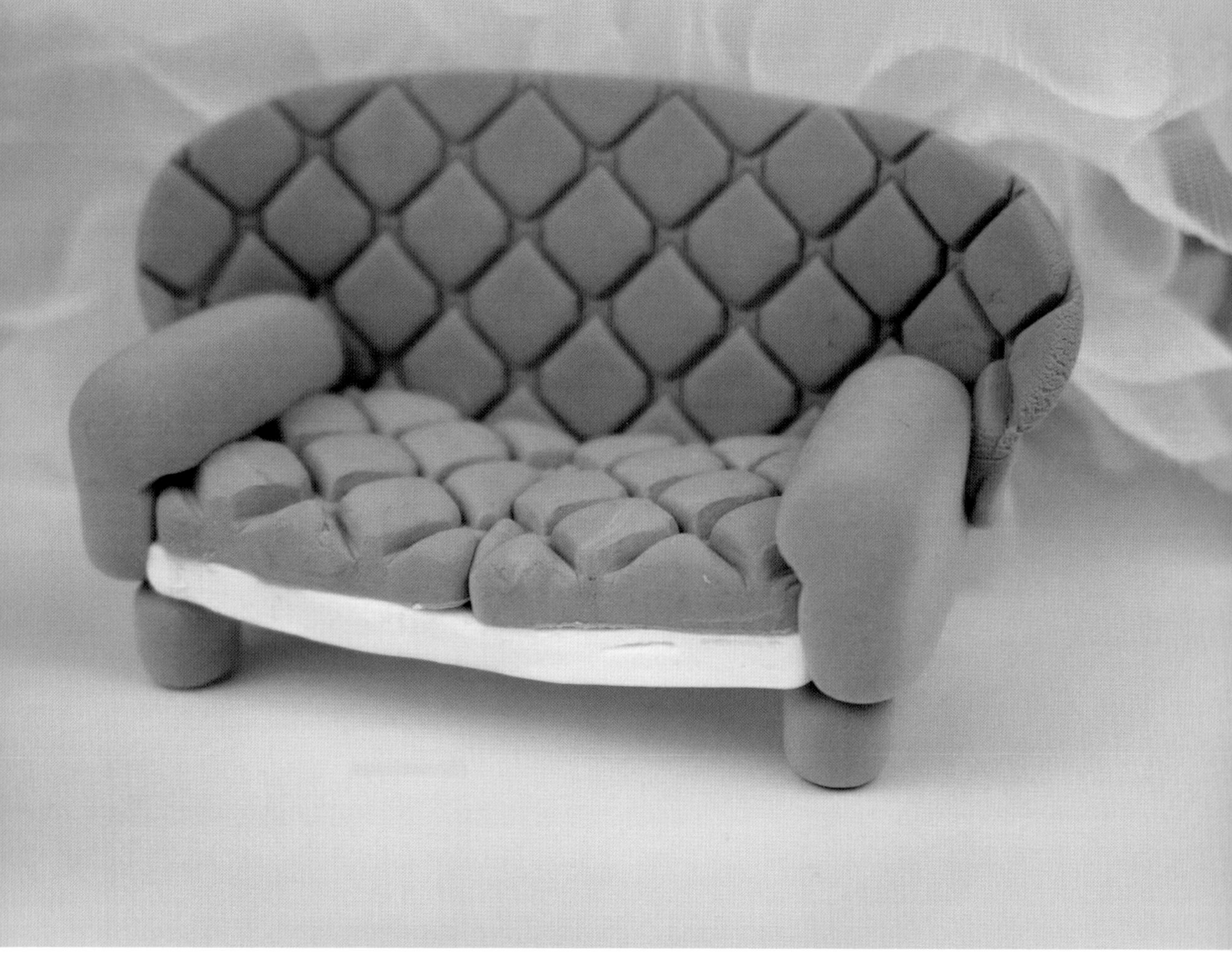

·材料及工具·

纸黏土，刀片，花纹模具，方形模具，亚克力压板。

· 步 骤 ·

1

取适量灰色纸黏土揉圆。

2

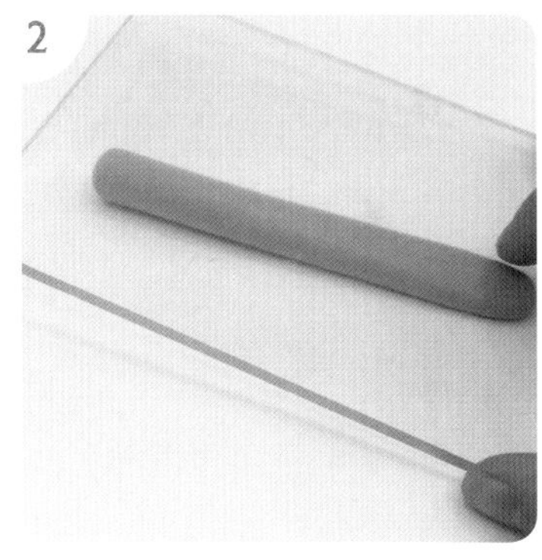

用亚克力板将圆球均匀揉长。

3

压扁，但不要太扁。

4

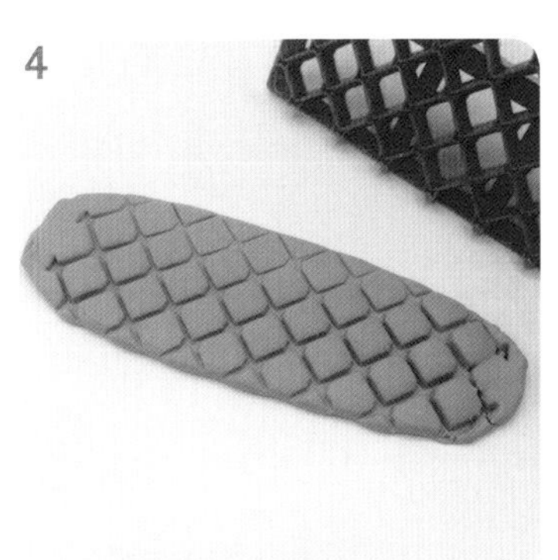

用花纹模具压出花纹。

5

用方形模具压出两个正方形。

6

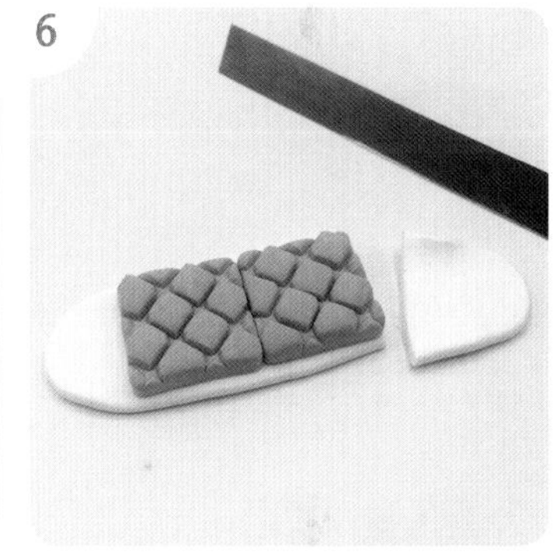

取适量白色纸黏土揉长压扁后，与两个正方形组合，用刀片切掉多余部分。

7

主体底部完成。

8

取适量灰色纸黏土揉成两个圆球。

9

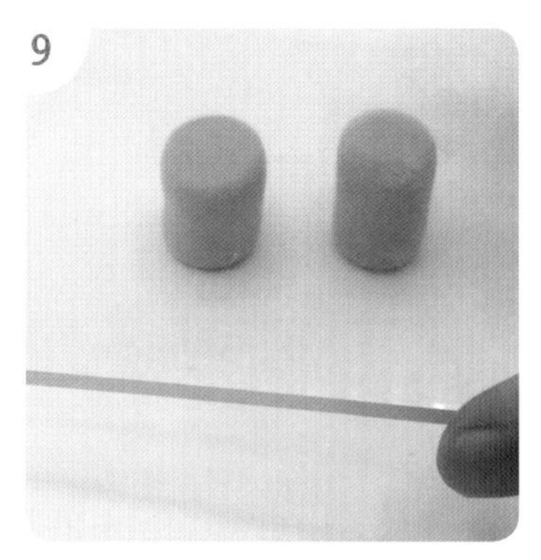

用亚克力压板调整成圆柱体。

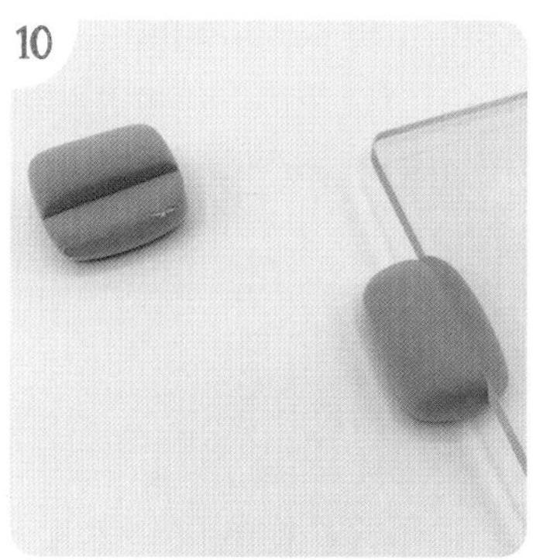

用亚克力压板压扁一侧。

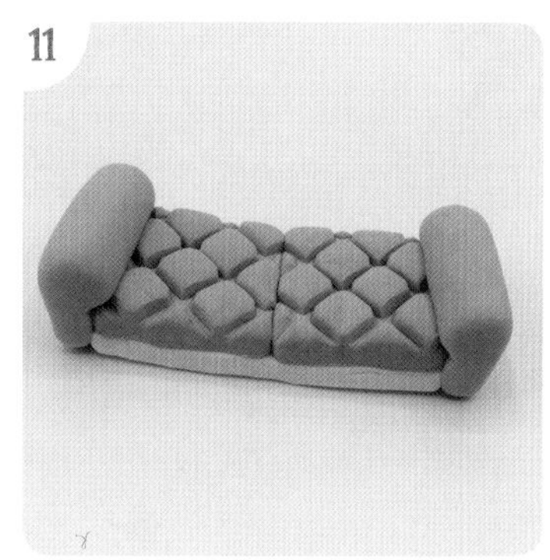

组合，做扶手部分。

再取适量灰色纸黏土揉成椭圆形，压扁，用花纹模具压出花纹。

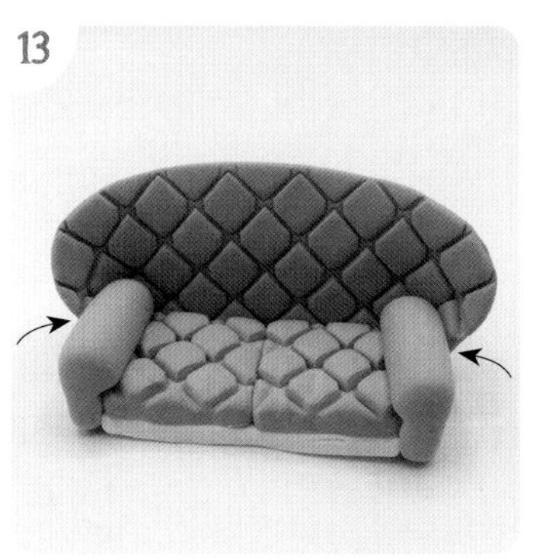

粘在背部，两侧轻向前压一点。

取适量灰色纸黏土揉成四个圆柱体。

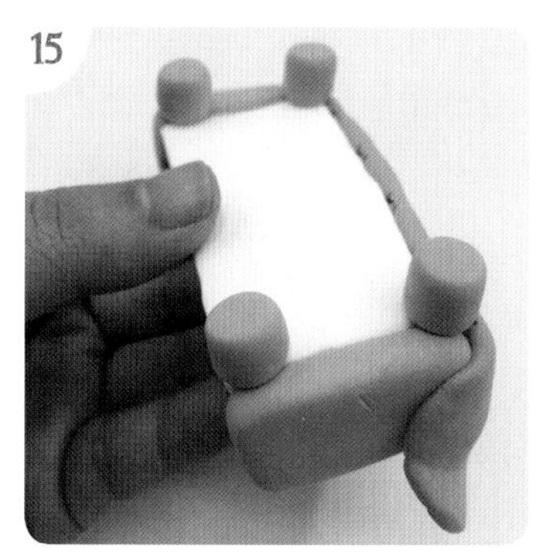

粘在底部，沙发就做好了。

·材料及工具·

弹簧底座，吸管，戳孔工具，压痕工具，纸黏土。

· 步 骤 ·

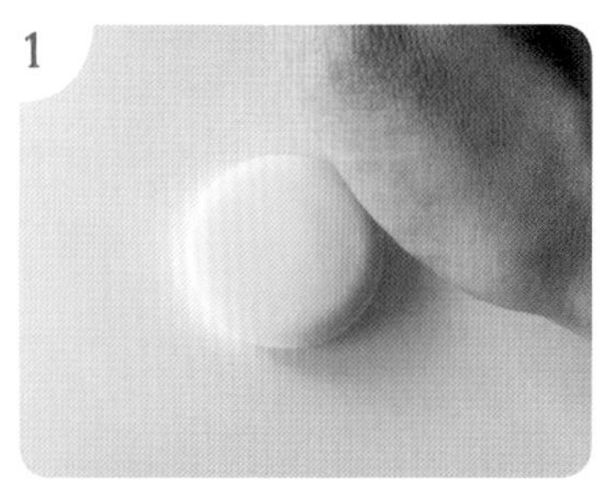

1 取适量黄绿色纸黏土揉圆压扁。

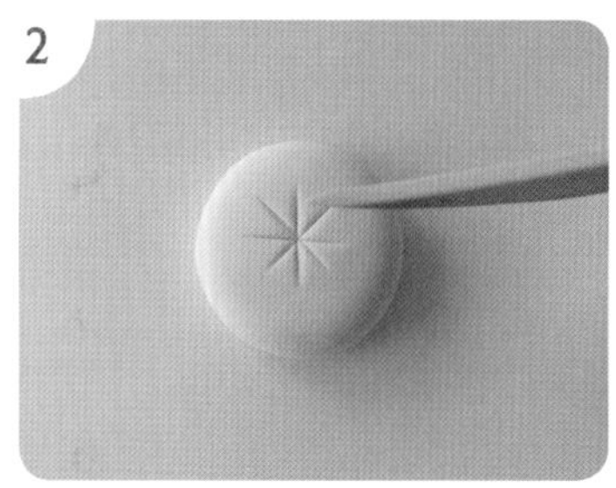

2 用压痕工具压出米字形。

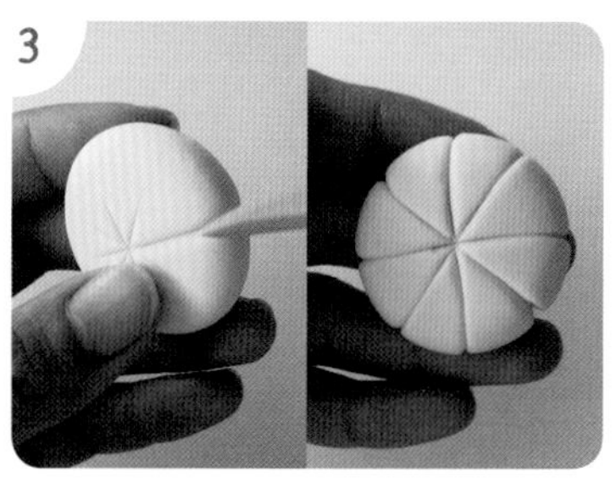

3 沿着米字形、延长压痕。

4 用戳孔工具戳出小坑。

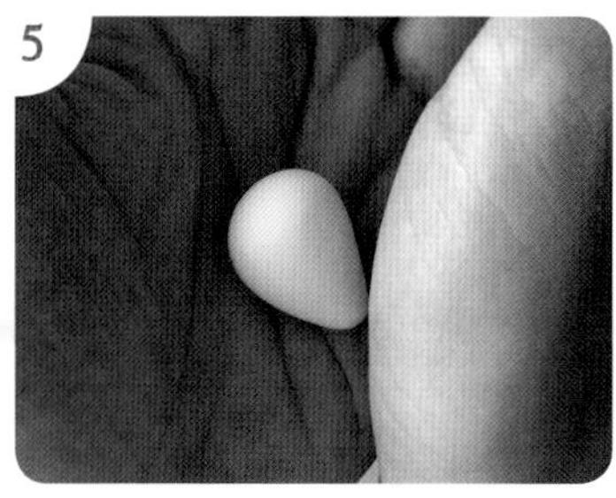

5 取适量白色纸黏土揉成水滴形做兔子的身体。

6 将身体与底座组合。

步骤 4
基座制作
视频

步骤 10
脚掌制作
视频

7 再取两块适量白色纸黏土揉成长水滴形。

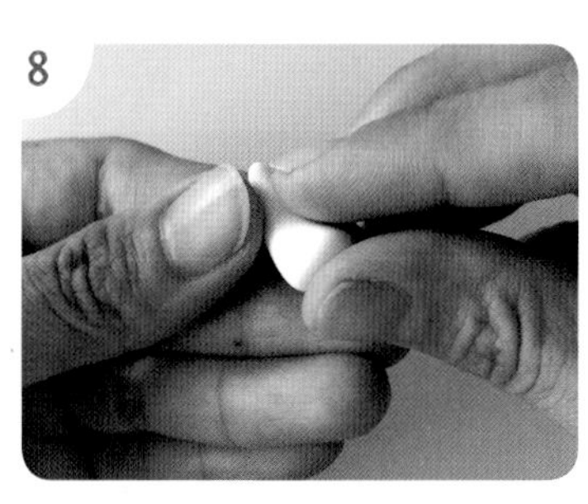

8 按图示压出兔子的脚。

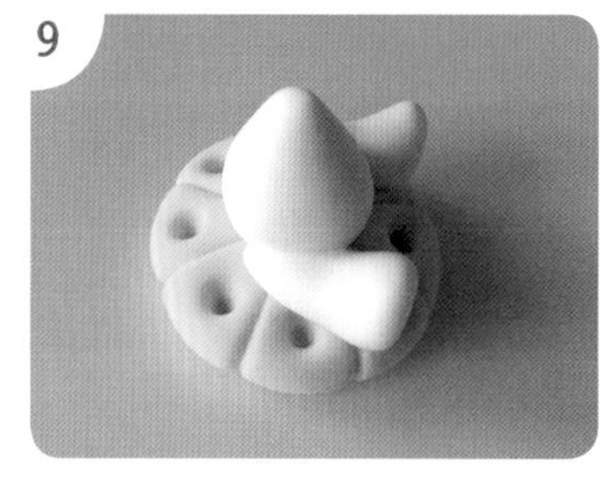

9 将兔子的脚与身体和底座组合。

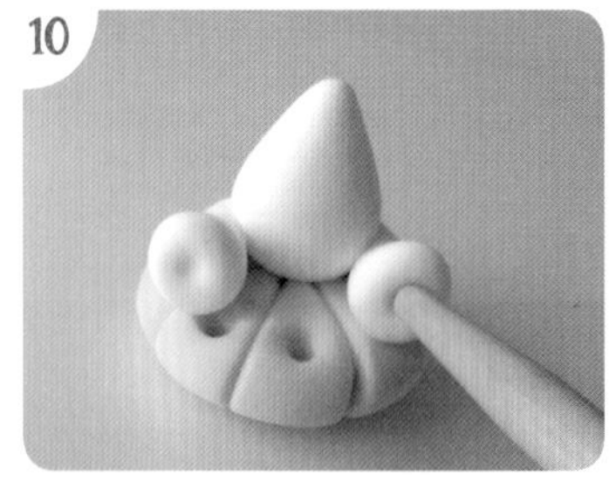

10 用戳孔工具压出兔子的脚掌印。

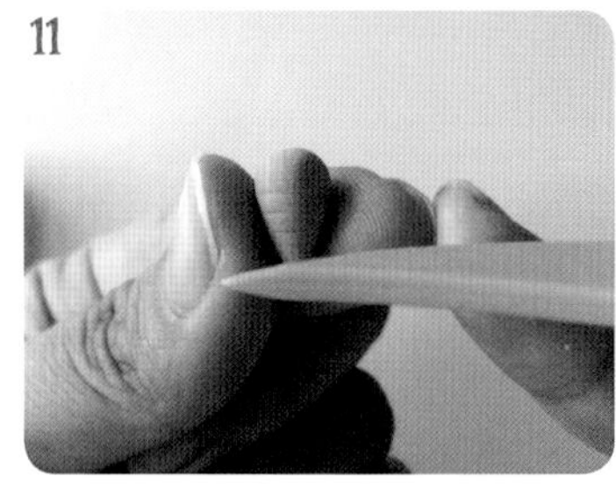

11 取适量橙色纸黏土，揉成水滴形，用压痕工具压出胡萝卜的纹理。

12 取适量绿色纸黏土揉出胡萝卜的叶子。

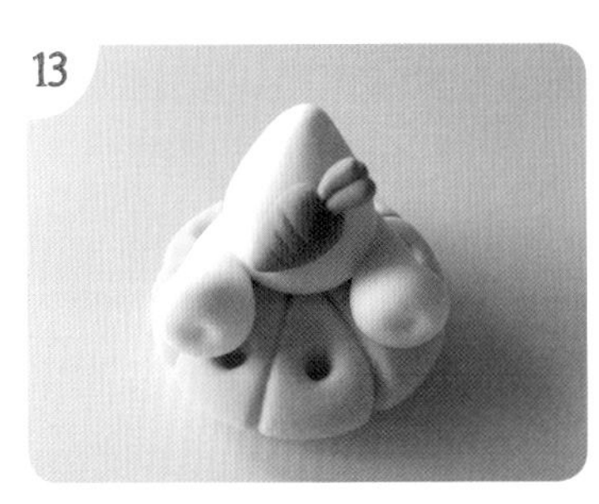

将胡萝卜与兔子身体组合。

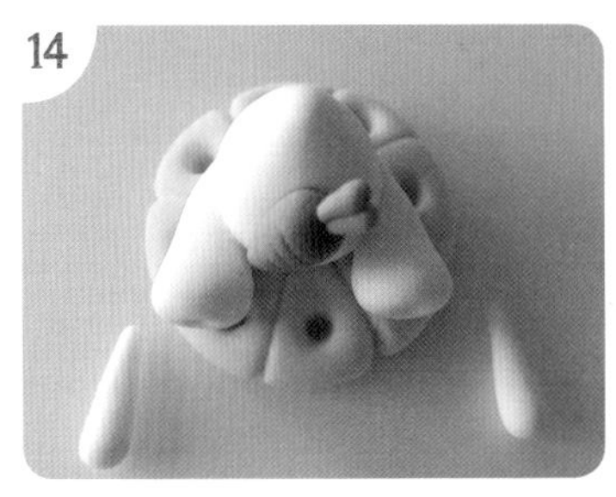

取适量白色纸黏土揉两个水滴做兔子的“胳膊”。

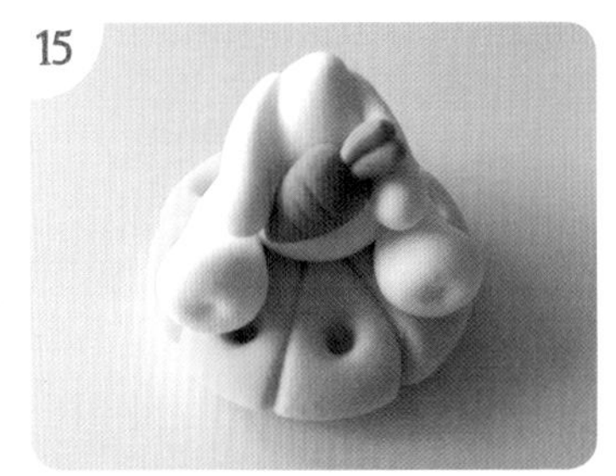

按图示组合。

按图示做出兔子的“领子”。

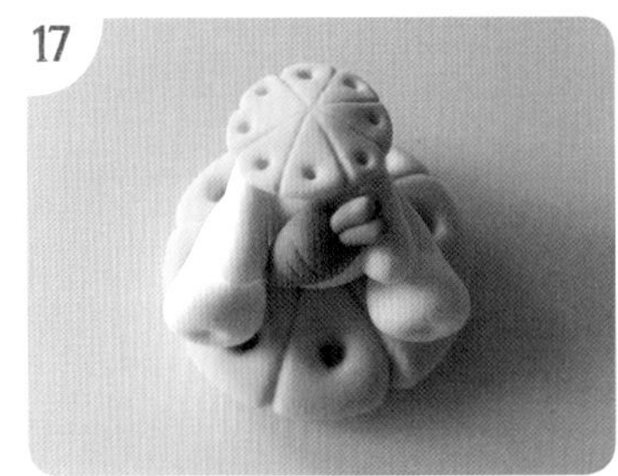

按图示组合。

取适量白色纸黏土揉圆做兔子的头部。

做出兔子的鼻子。

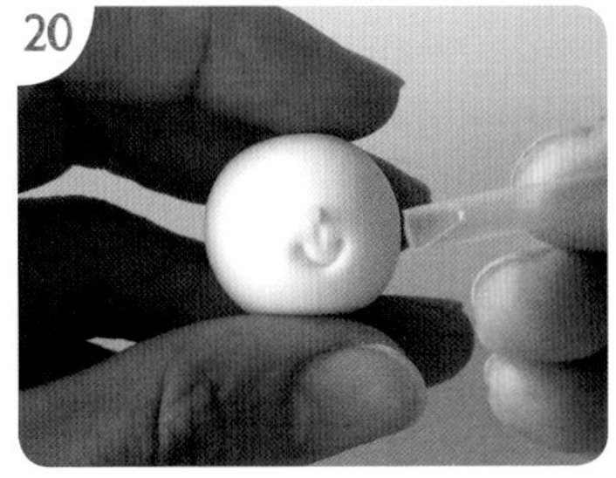

用吸管压出兔子的嘴巴。

做出兔子的眼睛。

步骤 20
兔子嘴巴
视频教程

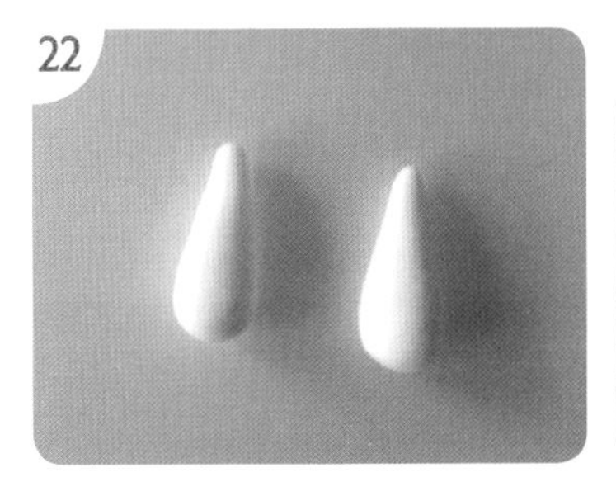

再取适量白色纸黏土揉出两个长水滴。

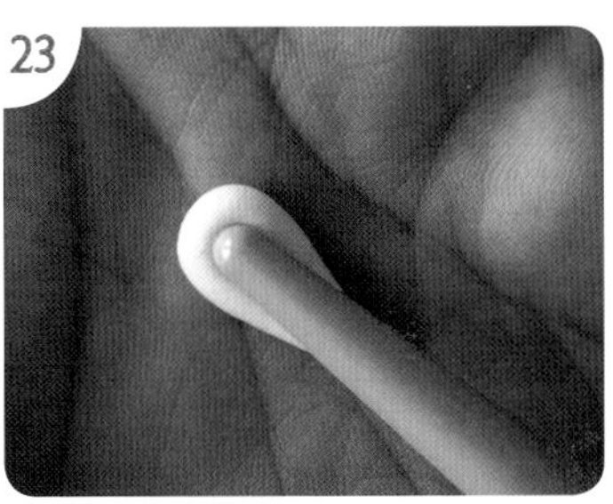

用戳孔工具压出痕迹。

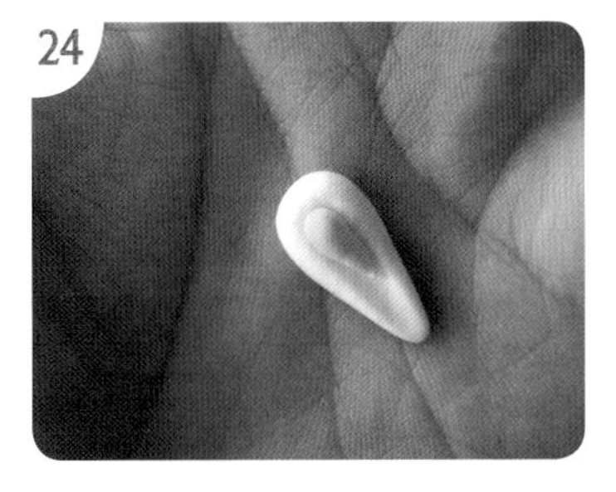

揉出黄绿色小水滴，修饰耳朵。

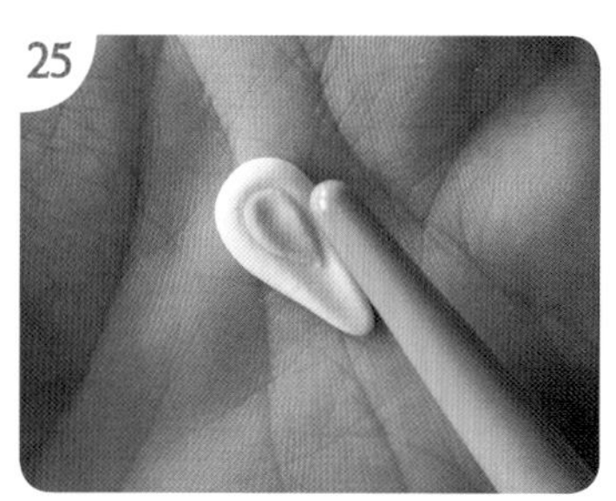

用戳孔工具压出痕迹。

将兔子的耳朵与头部组合。

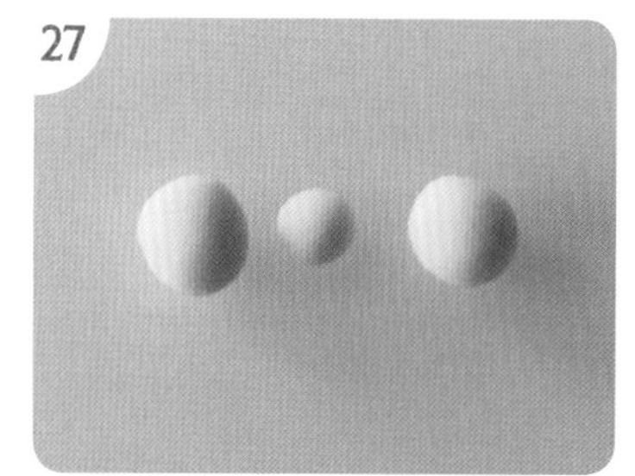

取适量黄绿色纸黏土揉出 3 个圆球（两大一小）。

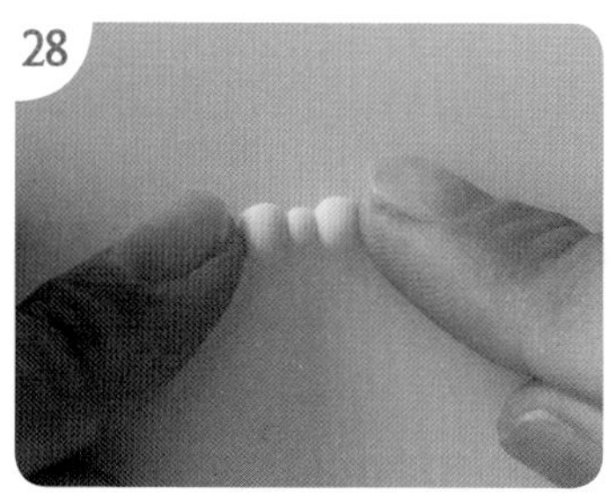

按图示用两个手指挤压。

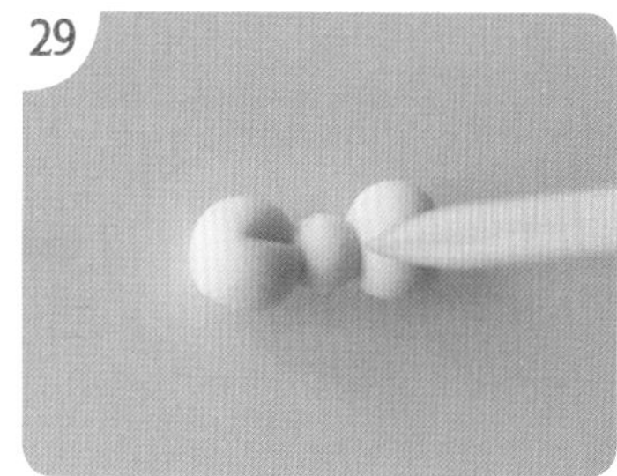

压出蝴蝶结的纹理。

将蝴蝶结与头部组合，作品完成。

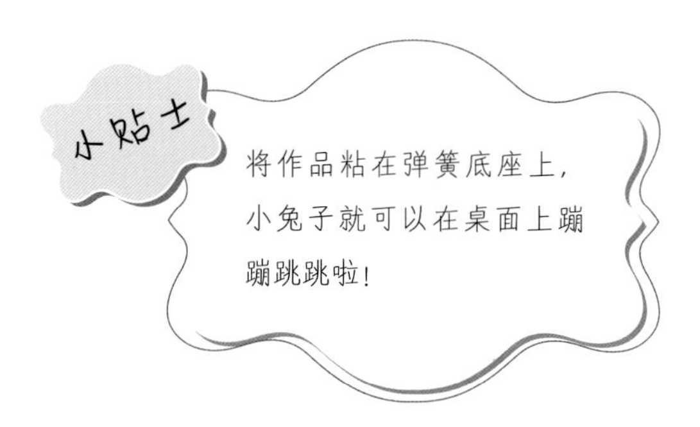

悟空

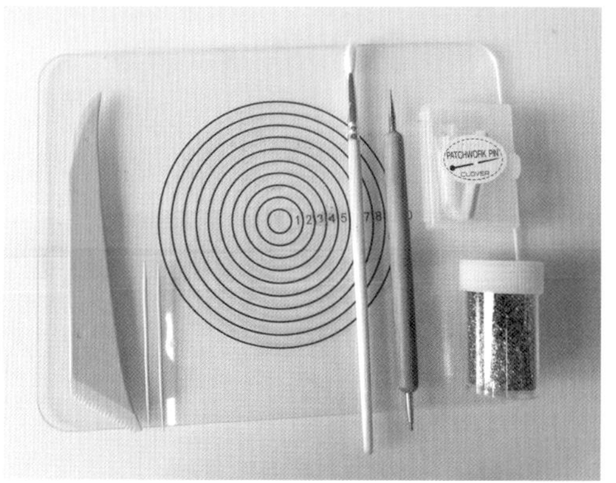

·材料及工具·

纸黏土，压痕工具，牙签，画笔，圆头笔，吸管，金粉，亚克力压板。

· 步 骤 ·

1

取适量棕色纸黏土揉圆，稍微压一下，做猴子的头部。

2

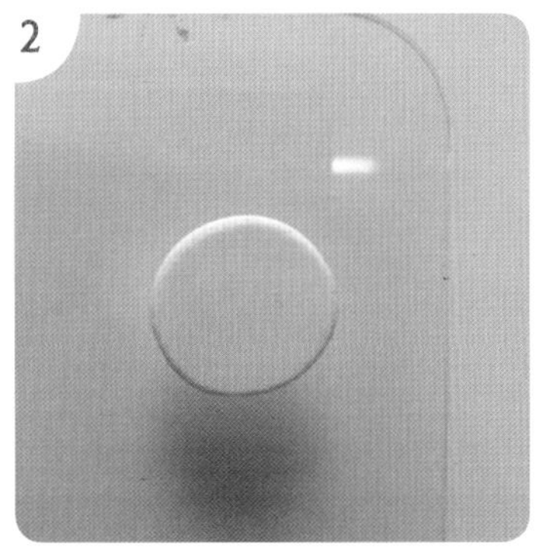

将适量肉色纸黏土揉圆压扁。

3

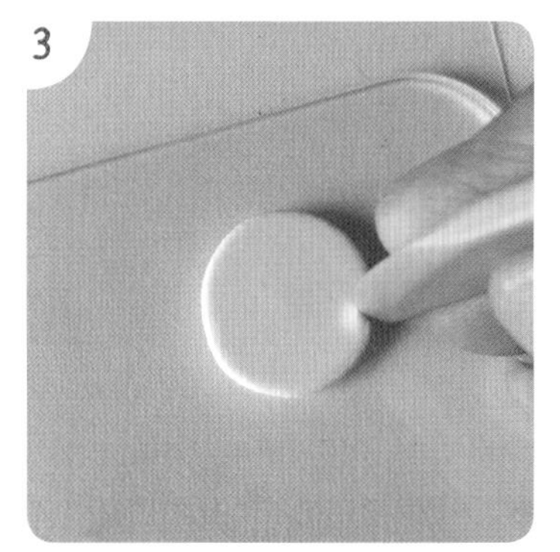

用压痕工具将两侧压出凹痕。

4

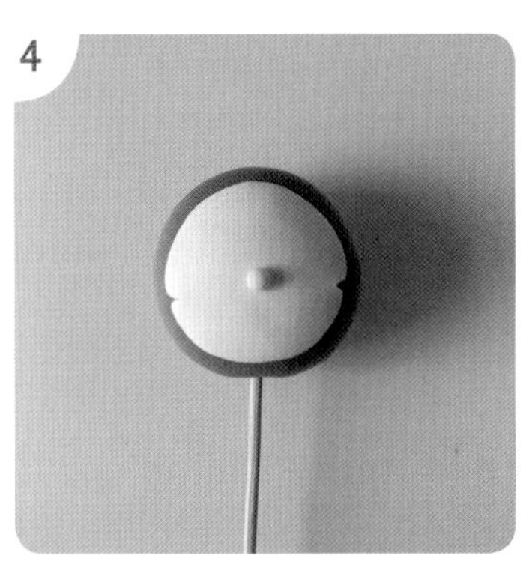

用牙签把猴子的头部固定，与猴子的脸部组合并做出鼻子。

5

做出眼睛，用吸管做压嘴巴。

6

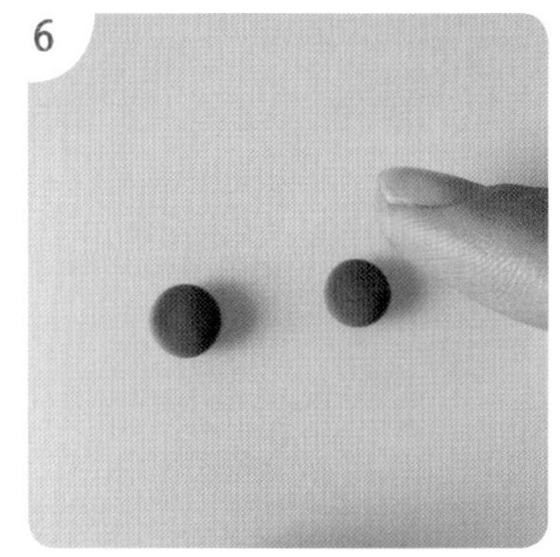

取适量棕色纸黏土揉出两个圆球压扁。

7

用圆头笔固定在图示位置。

8

做出猴子的眉毛、红晕。

9

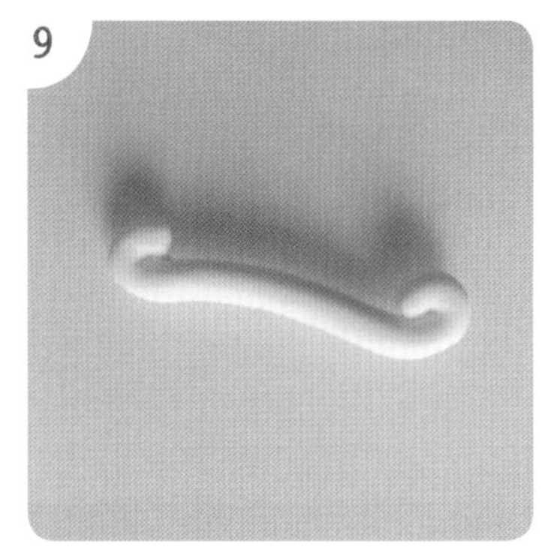

取适量黄色纸黏土揉成长条，两边向中间卷起。

做出金箍儿。

组合。

取适量棕色纸黏土揉成水滴形做猴子的身体。

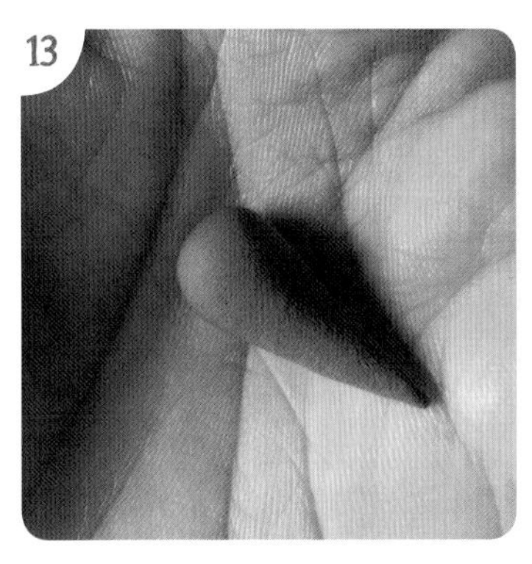

取适量棕色纸黏土揉成长水滴形做猴子的腿。

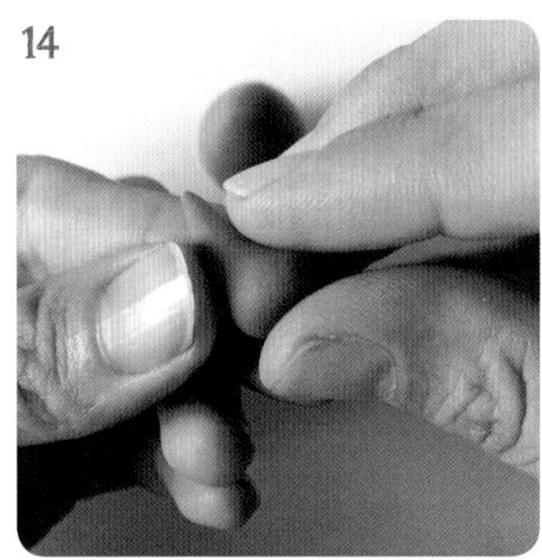

用手指推出猴子的脚。

将腿与身体组合。

做出猴子的肚皮。

做出猴子的两只“胳膊”。

做出猴子的尾巴，做法可参考后面的云朵。

取适量白色纸黏土揉圆压扁，做底座。

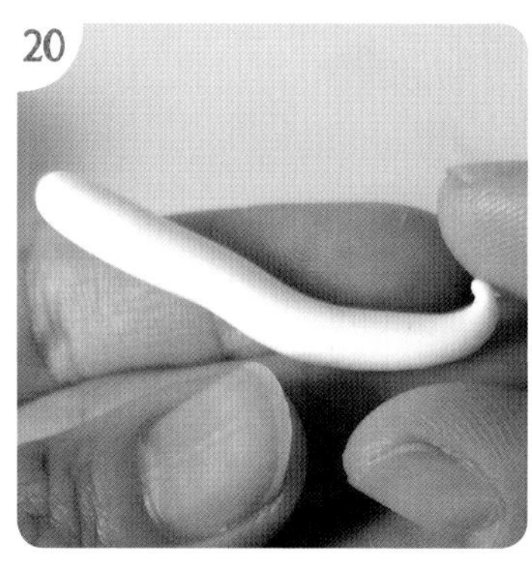

揉个白色长水滴，用手指从一方卷起。

做出云朵，并与底座组合。

取适量红色纸黏土揉成圆柱形，两端各加一个黄色球形。

涂上金粉，做出金箍棒。

将金箍棒与身体组合。

小贴士

如何使头部和身体的比例协调?

制作人物和动物作品时，可先做好身体，以身体为基础确定头部的大小，如萝卜兔的制作方法；也可先做好头部，以头部为基础确定身体的大小，如悟空的制作方法。

小鸡一家亲

·材料及工具·

颜料，木头配件，画笔，纸黏土，吸管，白棒，压痕工具，文件夹。

· 步 骤 ·

1

先在木头配件上涂满绿色颜料。

2

按图示做出鸡窝的底座。

3

取适量棕色纸黏土揉成两根长条，将两根长条扭成麻花状。

4

用麻花状长条把鸡窝底座围起来，再揉一个白色胖水滴做小鸡的身体。

5

用手指在图示的小鸡身体部位压出一个凹坑，并用适量棕色纸黏土揉个圆球放旁边。

6

同样用手指按压出凹坑。

7

用白色纸黏土揉几个鸡蛋放在凹坑里。

8

再揉一个白色胖水滴做小鸡的头部。用压痕工具做出小鸡脖子上的纹理。

9

将小鸡的头部与身体组合。

做出小鸡的嘴巴和眼睛。

揉出 3 个红色小圆球，做小鸡的鸡冠。

做出小鸡的翅膀、脸上的红晕和小鸡的口袋。

揉两个红色小水滴粘在鸡嘴下。再用同样的方法做出另外一只小鸡。

按图示做出多只小小鸡。

用红色纸黏土揉出两个水滴。组合做出心形。

用做好的爱心装饰。

万圣节小魔女

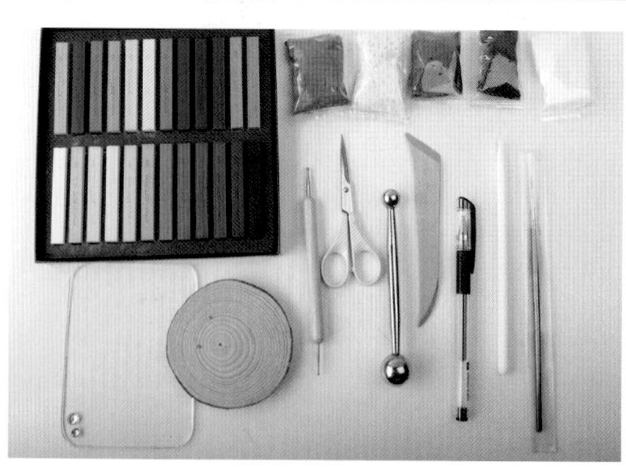

·材料及工具·

色粉条，亚克力压板，木头配件，纸黏土，圆头笔，剪刀，丸棒，压痕工具，中性笔，白棒，画笔，文件夹。

·步骤·

1

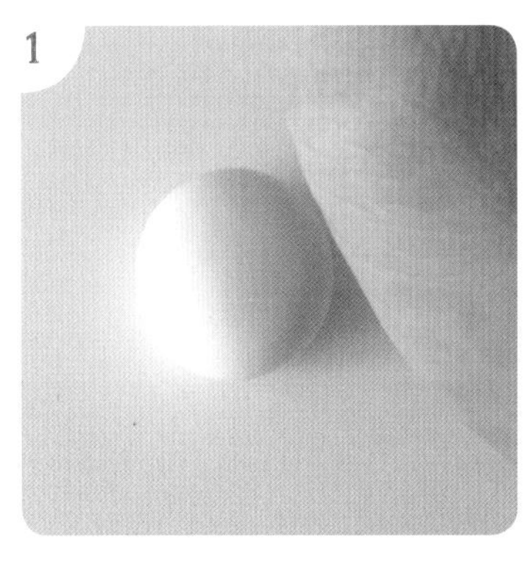

取适量肉色纸黏土揉圆，稍微压一下。

2

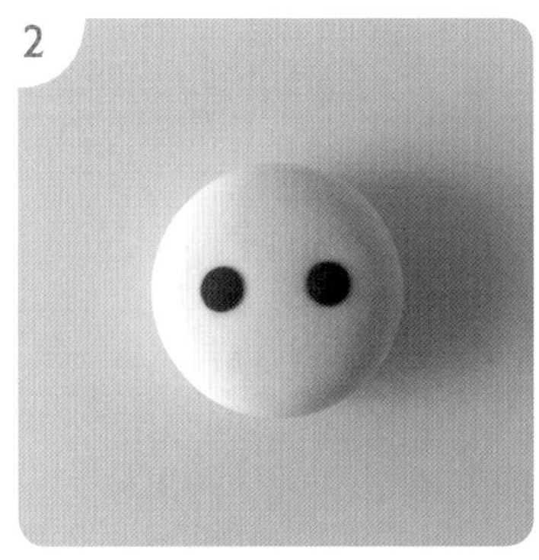

做出小魔女的眼睛。

3

做出眼睛的高光、鼻子和腮红。腮红用色粉条的粉末画出。

4

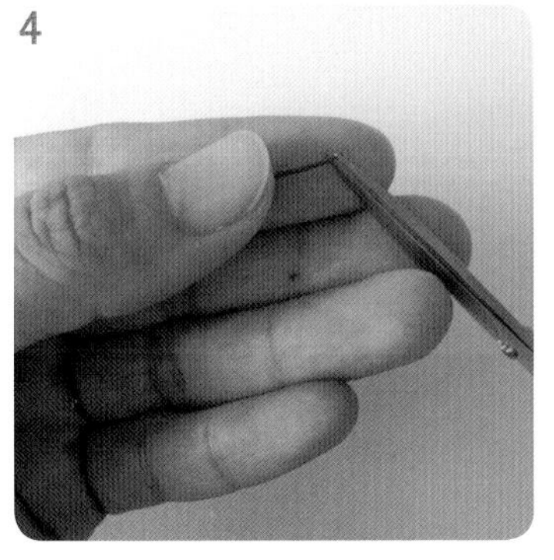

用剪刀剪出小魔女的眼睫毛、眉毛和嘴巴。

5

将眼睫毛、眉毛、嘴巴和头部组合。

6

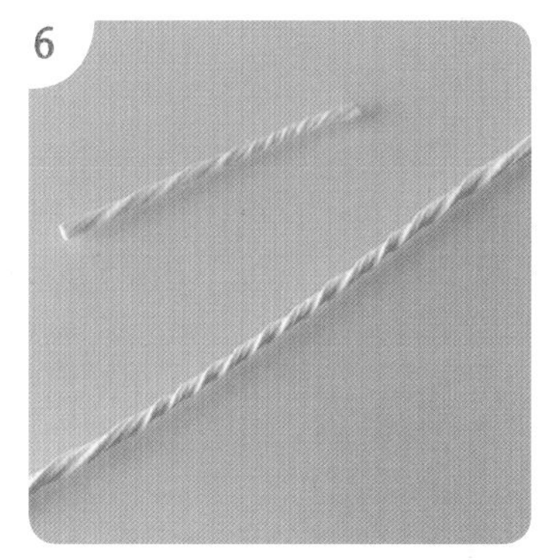

取适量黄色纸黏土，揉成长条并扭成麻花状。

7

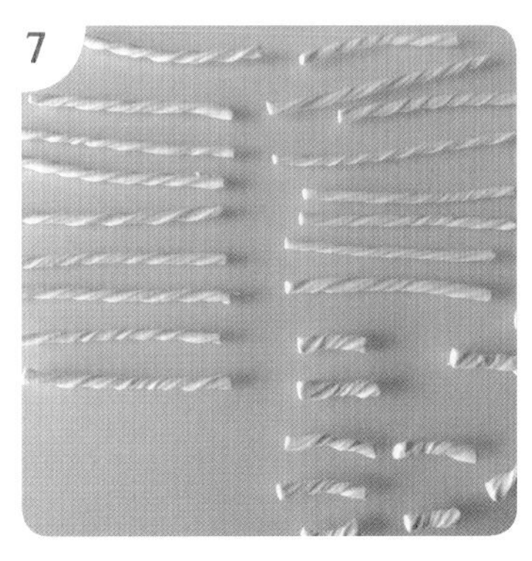

将麻花状长条剪成长短不一的小段。

8

将麻花状小段作为头发与头部组合。

9

取适量黑色纸黏土揉圆压扁，用白棒压出纹理。

10

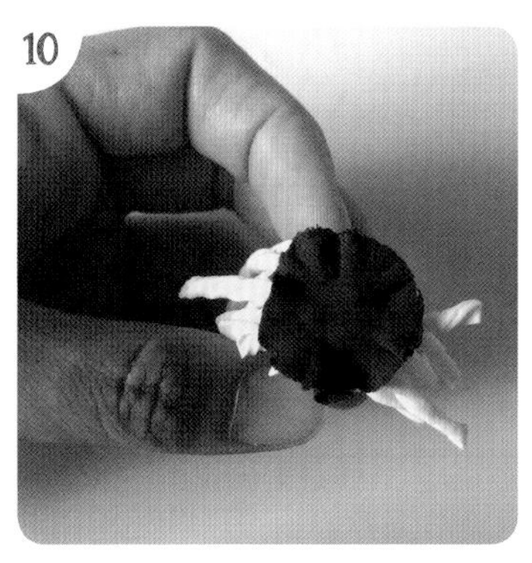

与头部进行组合。

11

揉出黑色帽顶，并进行组合。

12

修剪小魔女的发型。

13

取适量黑色纸黏土揉成胖水滴，捏平底部，做出图示形状，做身体。

14

取适量黑色纸黏土，揉圆压扁，用压痕工具压出衣领的纹理。

15

用圆头笔压出衣领的纹理。

16

将衣领和身体组合，用丸棒压出衣服的花边。

17

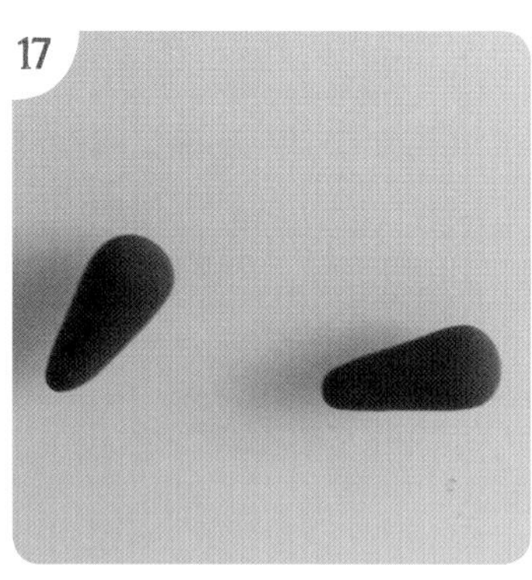

揉出两个黑色水滴，备用。

18

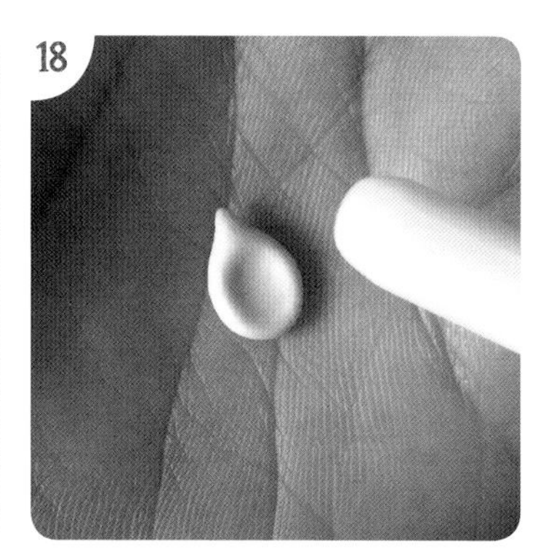

取适量肉色纸黏土，揉成胖水滴，用白棒压扁。

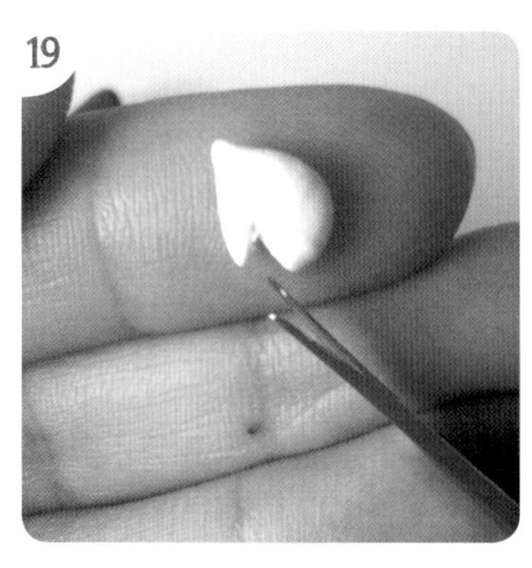

剪出小魔女的手掌，做出左右手。

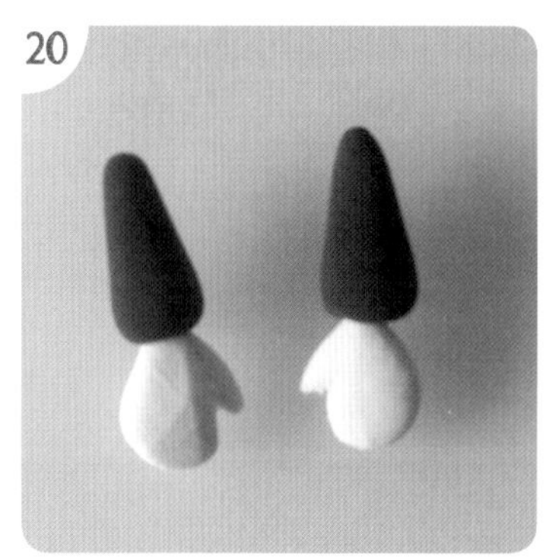

将手掌与步骤 17 的两个水滴组合，做出小魔女的手臂，备用。

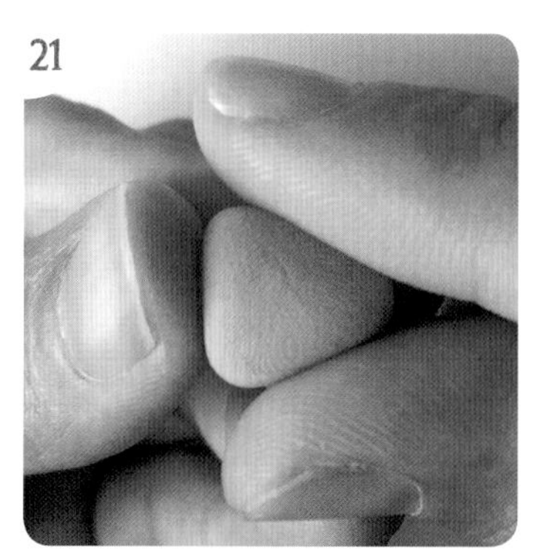

取适量土黄色纸黏土，揉成水滴状，压出三角形。

用压痕工具压出扫把的纹路。

用剪刀剪去顶部。

用褐色纸黏土制作扫把柄，按图示组合扫把。

修剪扫把柄的长度，按图示组合小魔女的手臂和扫把。

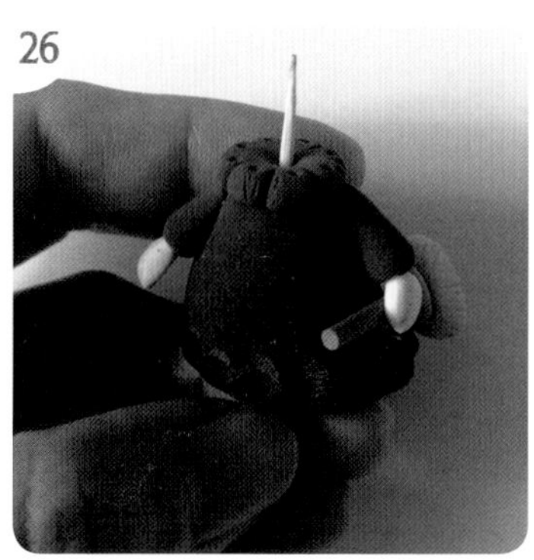

在小魔女的身体上插入一根牙签。

组合头部和身体。

取适量橙色纸黏土揉圆，用压痕工具压出南瓜的纹路。

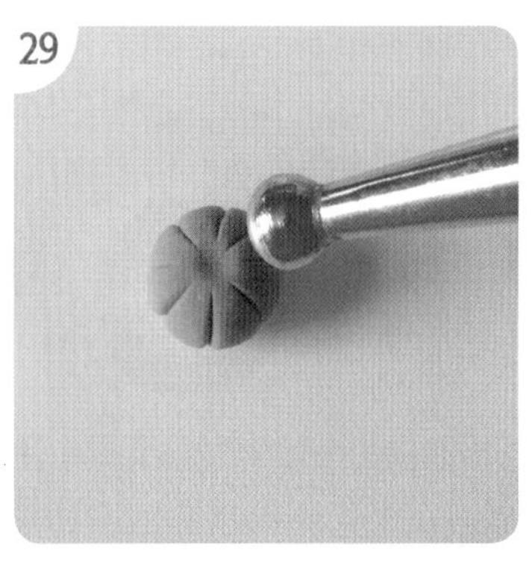

用丸棒在南瓜顶部压出凹坑。

剪出南瓜的眼睛。

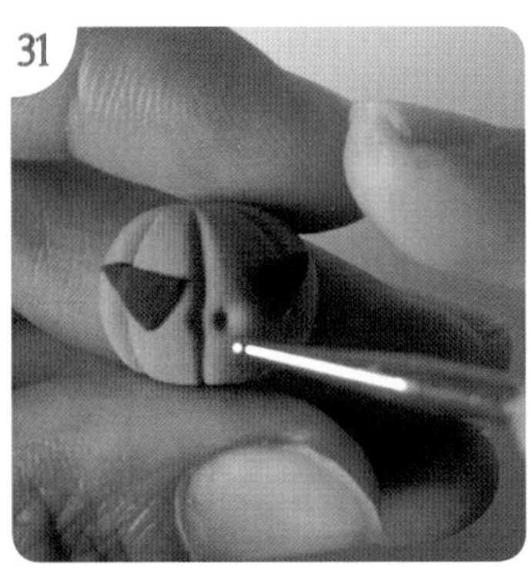

按图示组合，用圆头笔压出南瓜的鼻孔。

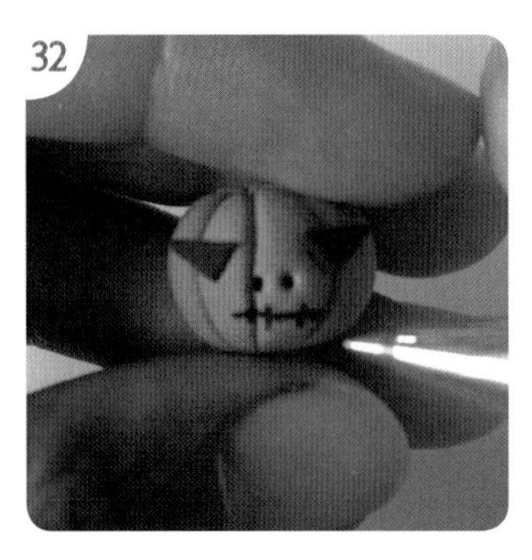

待干后用黑色的水笔画出南瓜的嘴巴和鼻孔。

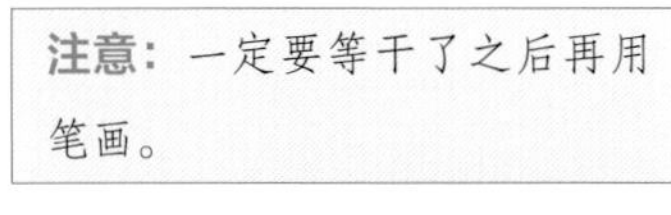

注意：一定要等干了之后再用笔画。

做出南瓜顶部的瓜蒂，南瓜就做好了。

取适量白色纸黏土揉成水滴形，压扁，按图示做出小鬼魂的形状。

做出小鬼魂的眼睛、嘴巴和腮红。

将小魔女、南瓜头、小鬼魂、木头配件组合。

睡天使

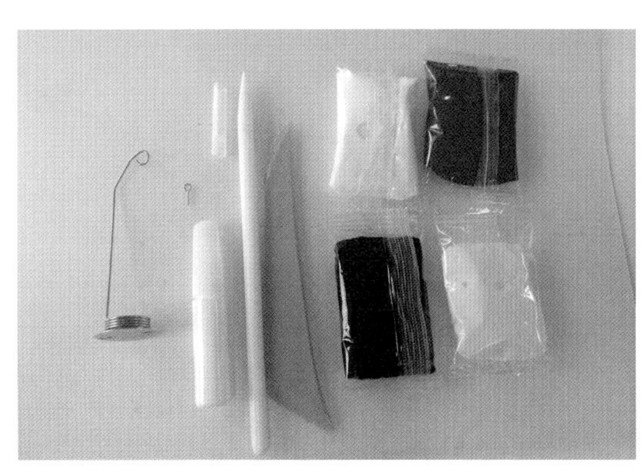

·材料及工具·

配件，白胶，羊眼螺栓，吸管，白棒，压痕工具，纸黏土。

· 步骤 ·

1

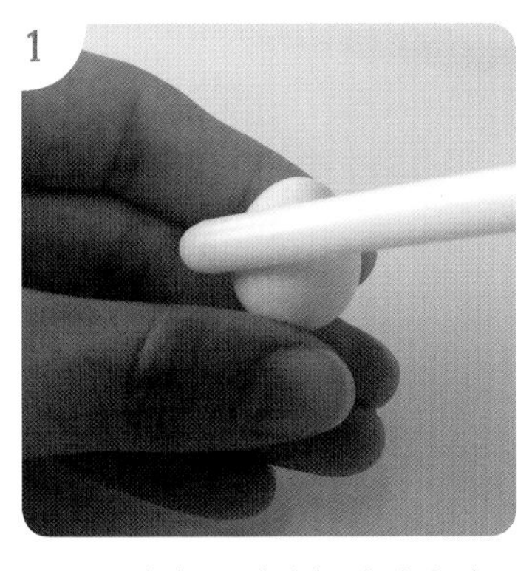

取适量肉色纸黏土揉成胖水滴形，用白棒在中间部分压出凹痕。

2

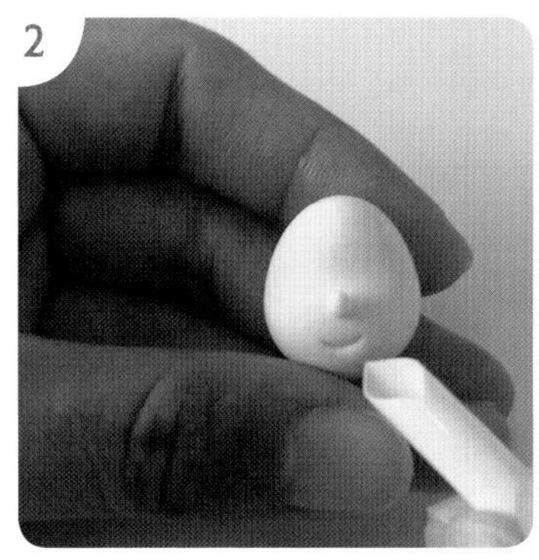

做出鼻子，用吸管压出嘴巴。

3

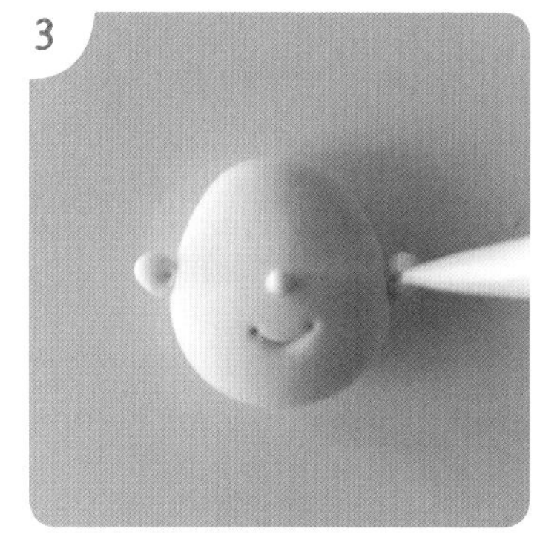

揉出两个肉色小水滴，粘在两侧做耳朵，用白棒压出耳洞。

4

取适量白色纸黏土揉成胖水滴形，把底部压平做身体。

5

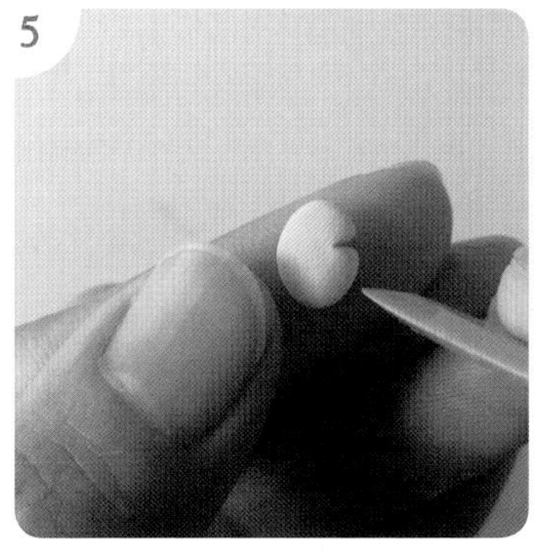

取适量蓝色纸黏土揉成椭圆形，用压痕工具压出痕迹做头发。

6

将身体和头部组合。

步骤 1
人物脸部
基本技法
视频

步骤 8
爱心制作
视频

7

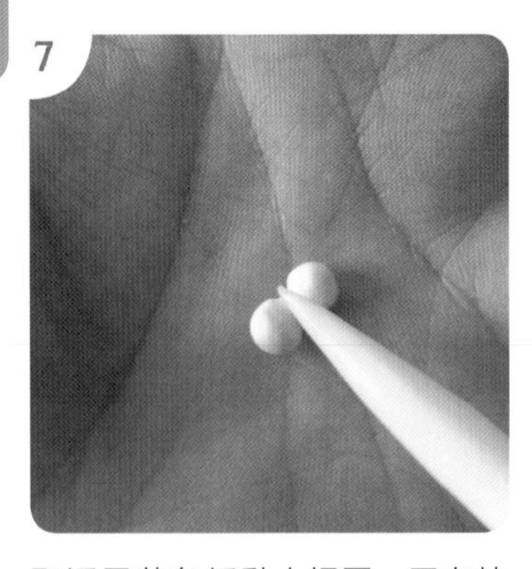

取适量黄色纸黏土揉圆，用白棒按压。

8

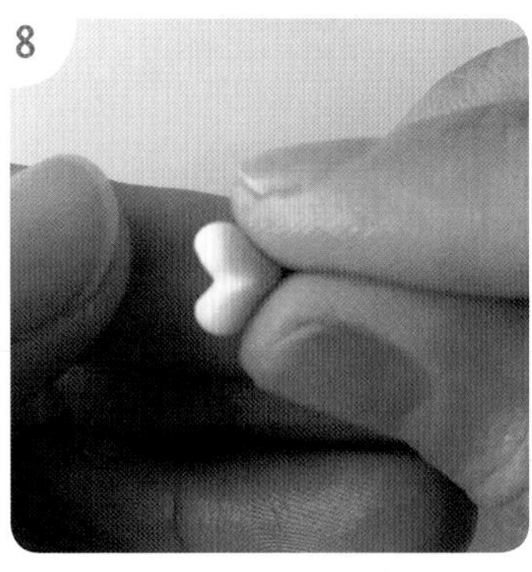

用手指挤压成爱心。

9

揉出两个白色水滴做娃娃的两只手。

做出两个白色水滴做娃娃的腿。

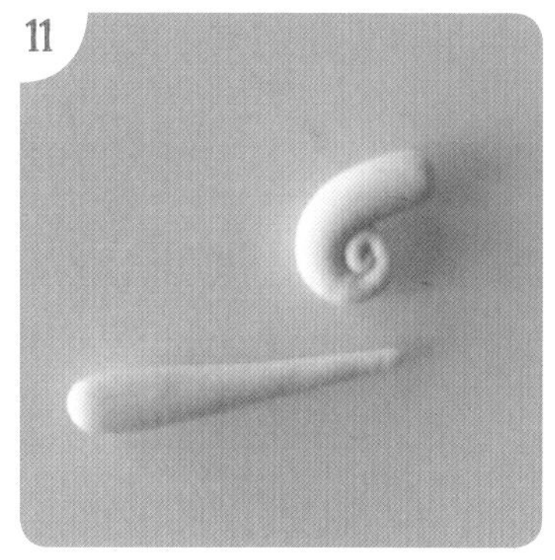

按图示卷出娃娃的翅膀。

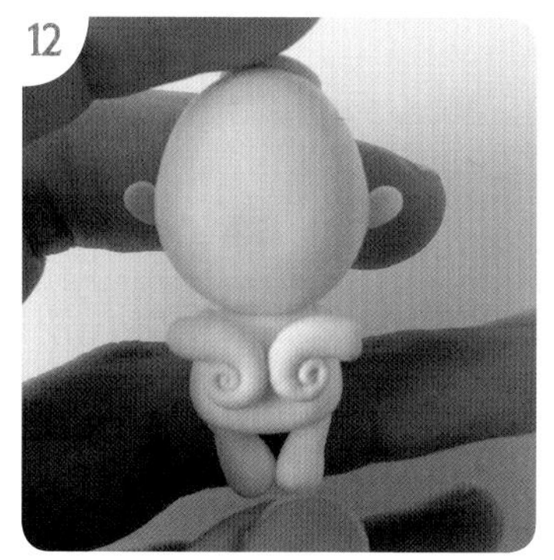

将翅膀粘在娃娃的背后。

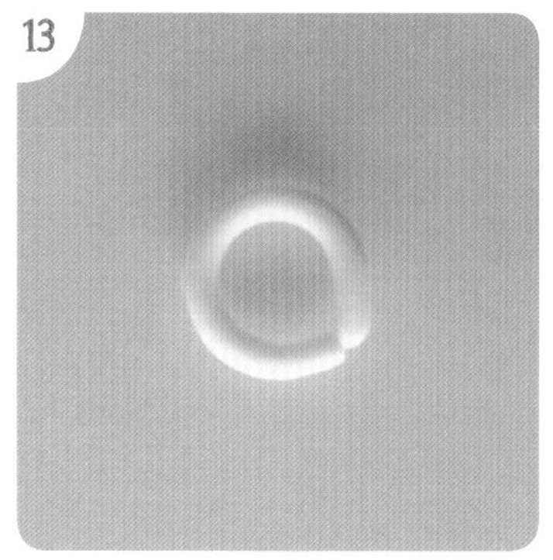

取适量黄色纸黏土，揉成长条。卷成圈。

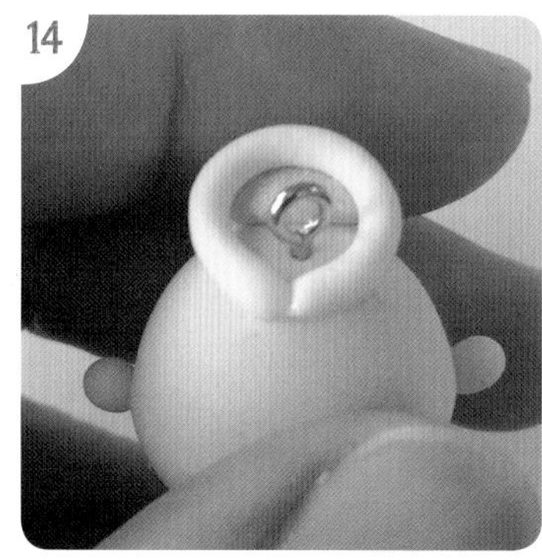

将卷好的长条放在娃娃的头部，并在头部安上羊眼螺栓。

等干了之后用黑色水笔画出娃娃的眼睛，并与配件组合。

狗狗小笼包

·材料及工具·

纸黏土，仿真果酱，压痕工具，色粉条，画笔，亚克力压板。

· 步 骤 ·

1

取适量白色纸黏土揉圆调整成馒头状。

2

用压痕工具在中间靠上部分压出不规则压痕。

3

揉两个棕色水滴并用亚克力压板压扁，粘在两侧，做耳朵。

4

用棕色、黑色纸黏土做出鼻子和嘴部。

5

用仿真果酱画出眼睛。

6

用色粉刷小脸蛋即完成。

草莓蛋糕

材料及工具

纸黏土，装饰配件，牙刷，圆形模具，仿真果酱，裱花嘴，亚克力压板，奶油土。

步骤

1

取适量粉色、白色纸黏土揉圆。

2

用亚克力压板压扁。

3

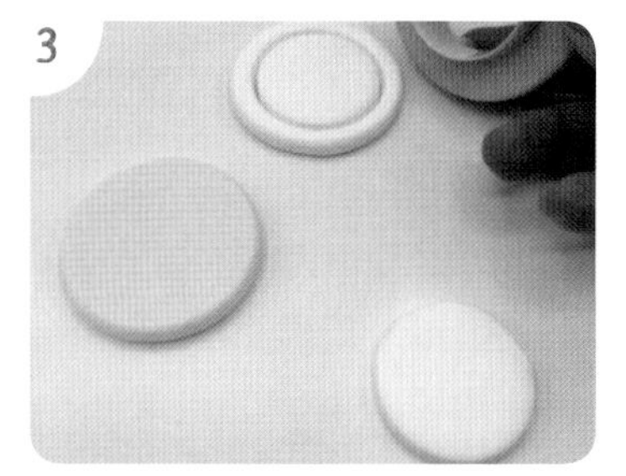

用圆形模具压出圆形。

4

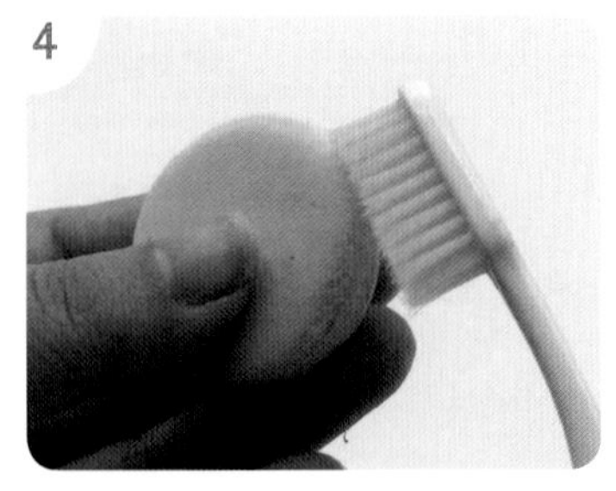

用牙刷在侧面扎出点状痕迹。

5

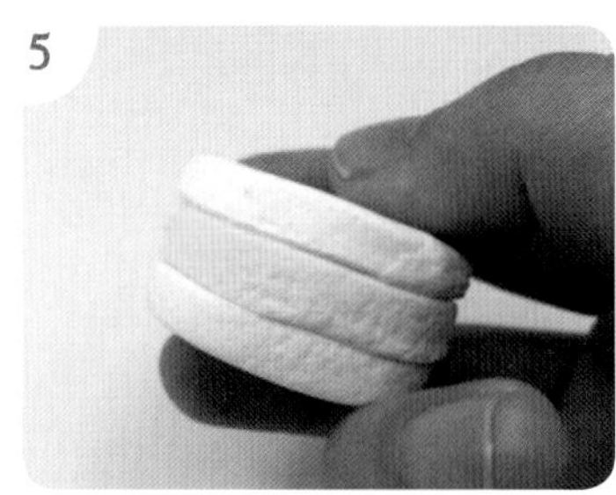

将做好的粉色、白色蛋糕层叠在一起。

6

将仿真果酱覆在蛋糕表面，四周做出流动效果。

7

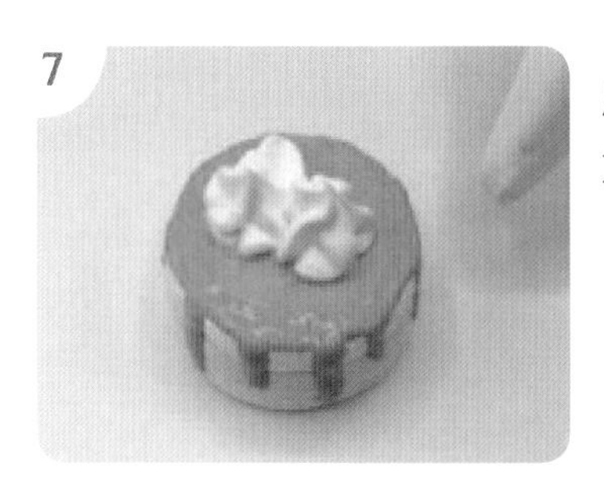

用奶油土在上方进行装饰。

8

摆放装饰配件。

材料及工具

纸黏土，装饰配件，色粉条，画笔，亚克力压板，奶油土，裱花嘴。

步骤

1

取适量淡黄色纸黏土揉三个圆球，用亚克力压板压扁。

2

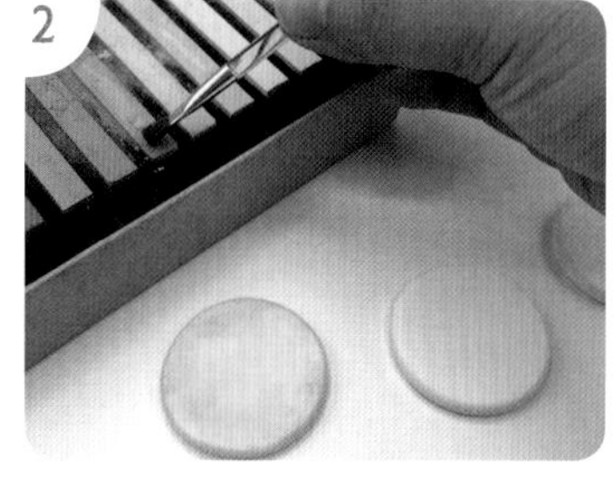

用色粉条上"烧烤色"。

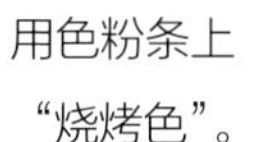

3

将奶油土挤在中间，固定装饰配件。

4

继续摞上层，第二层不必放配件。再将顶层装饰完即可。

水果冰淇淋杯挂饰

·材料及工具·

多色纸黏土，仿真食品配件，奶油土，仿真果酱，仿真冰淇淋杯，擀棒，镊子，中性笔，白棒，刀片，牙签，羊眼螺栓，文件夹。

• 步 骤 •

草莓做法

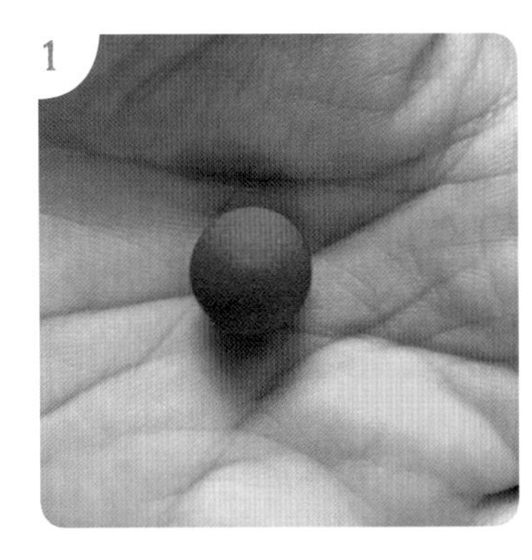

取适量红色纸黏土揉圆。

揉出水滴形。

用牙签戳出洞。

芒果块做法

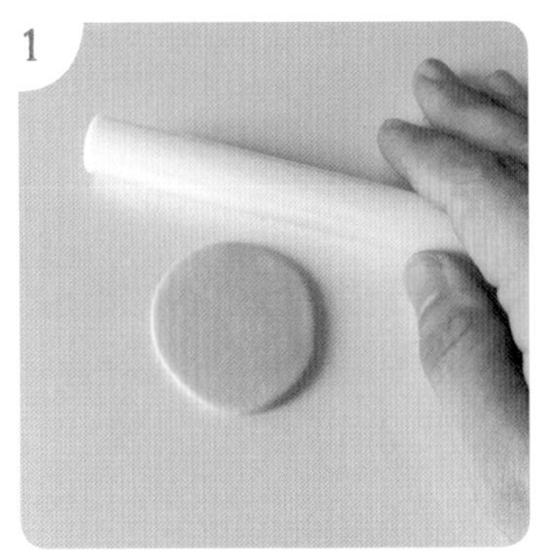

取适量黄色纸黏土揉圆，用擀棒擀平，晾干。

注意：一定要晾干。

用刀片切成方形。

全部切成块状。

猕猴桃做法

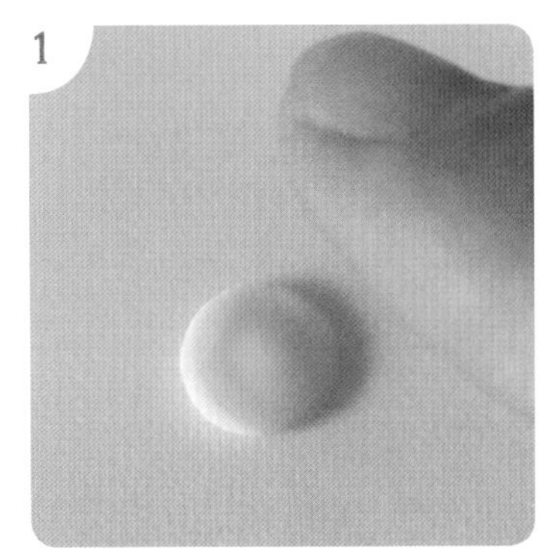

取适量绿色纸黏土揉圆，压扁。

在中间部分加上白色圆饼。

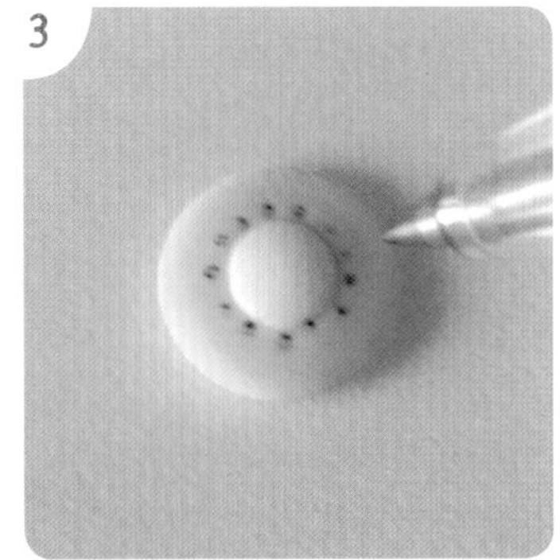

用水笔点出黑点。

香蕉片做法

1

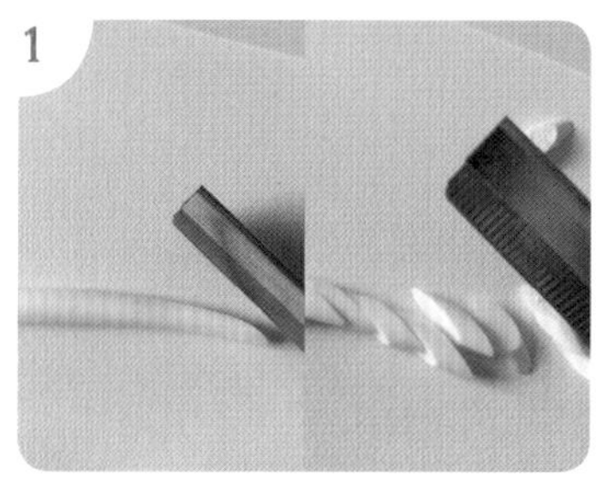

取适量黄色纸黏土揉成长条，斜着切片。

2

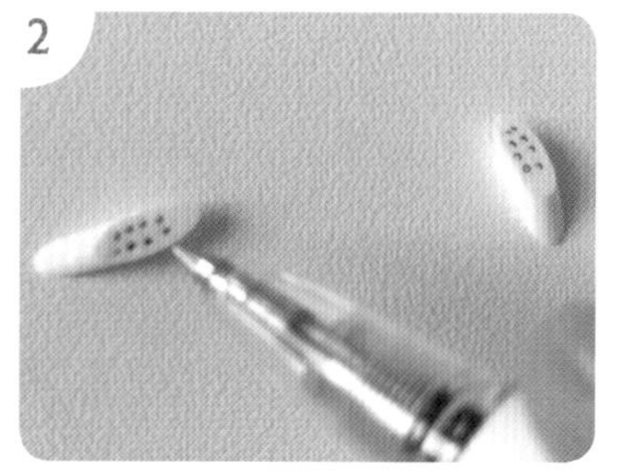

用水笔点出黑点。

水果冰淇淋杯

1

先把仿真冰块放在仿真冰淇淋杯里。

2

分层填入白色和褐色纸黏土，并用白棒压平。

3

用奶油土挤出奶油花。

4

按图示摆上香蕉片、芒果块、草莓和猕猴桃片。

5

装饰上仿真果酱和装饰品。

6

将挂饰配件在土干之前放进去。

第四章 黏土活了

羊羊拨浪鼓

材料及工具

木头配件，画笔，颜料，白胶，吸管，纸黏土，压痕工具，白棒，文件夹。

· 步 骤 ·

先在木头配件上涂上白色颜料。

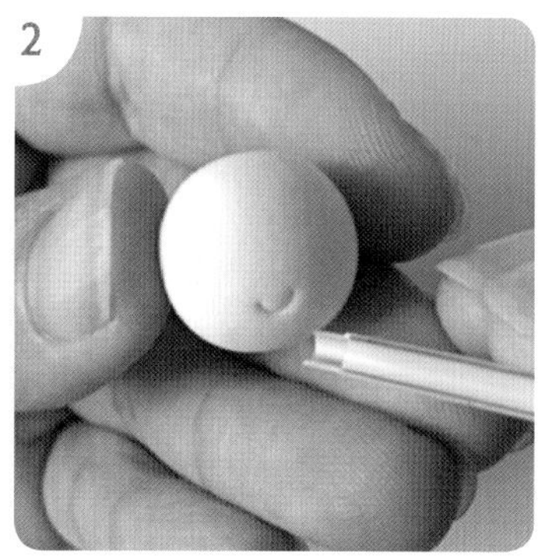

取适量肉色纸黏土揉圆轻压一下，用吸管压出小羊的鼻子。

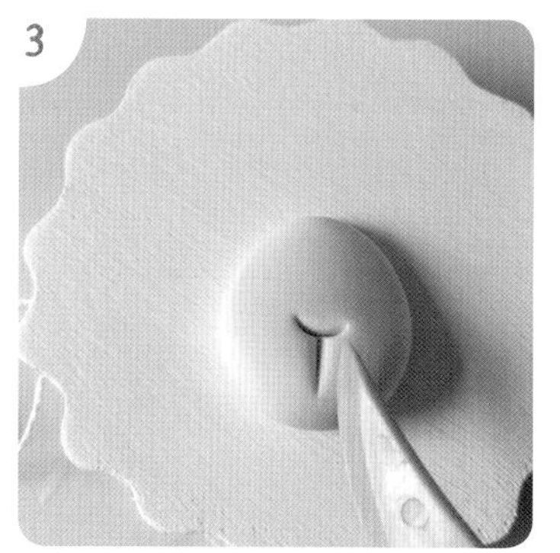

用压痕工具竖着压一下。

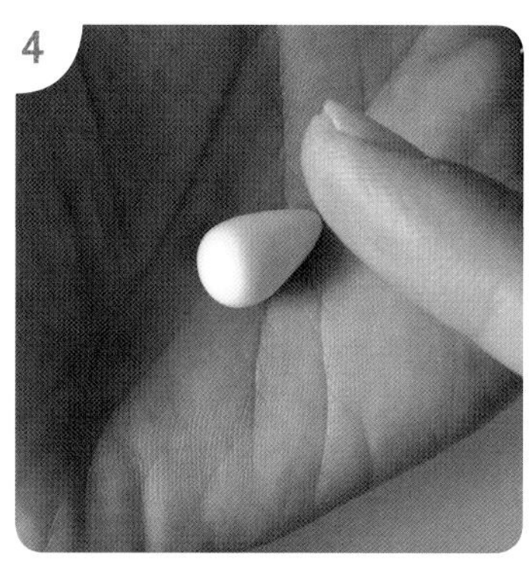

取适量白色纸黏土揉成水滴形。

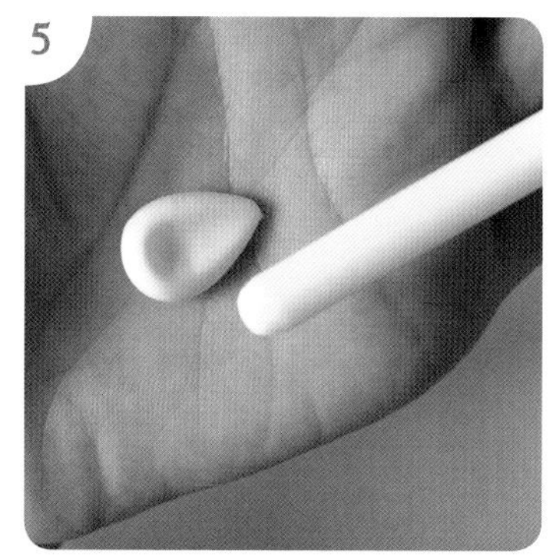

用白棒压出凹坑。用同样的方法做出肉色的小水滴，与之组合，做小羊的耳朵。

将耳朵与头部组合。

做出小羊的眼睛。

做出小羊的“额发”。

做出小羊的红晕。

揉出 4 个水滴和 4 个圆球，组合成小羊的四肢。

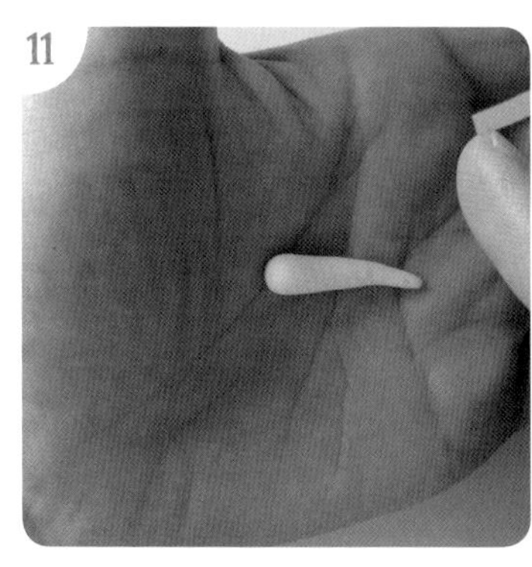

取适量白色纸黏土揉成长水滴形。

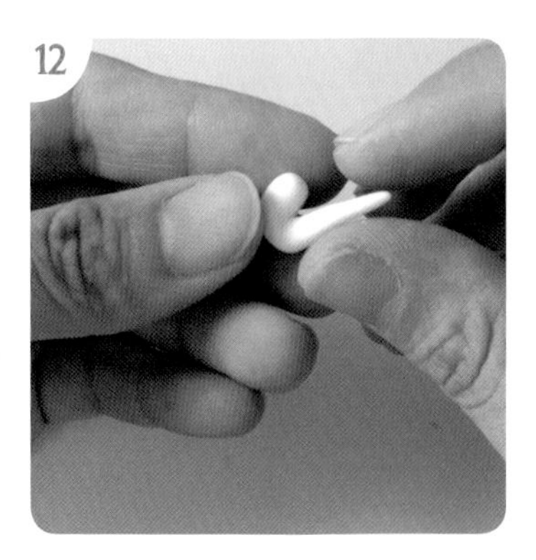

用手从一端卷起。

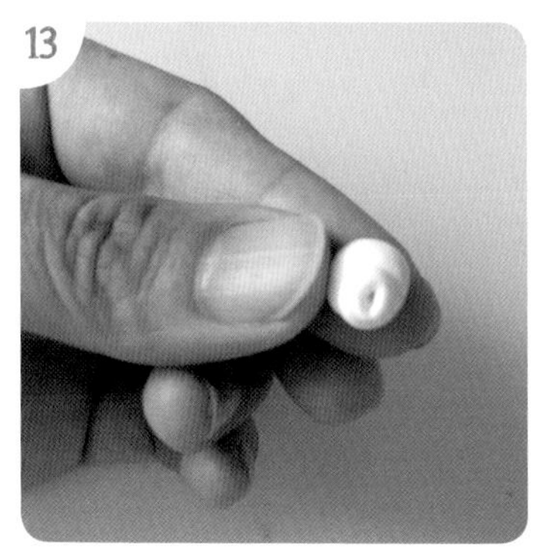

卷成图示效果。

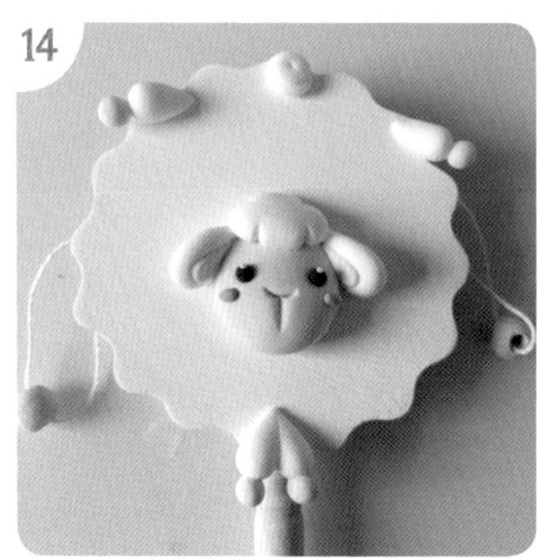

安好尾巴，完成。

会走路的小熊

·材料及工具·

保利龙球，走路机芯，纸黏土，压痕工具，白棒，吸管，文件夹。

· 步骤 ·

1 先把保利龙球用棕色纸黏土包起来，揉圆，做小熊的头部。

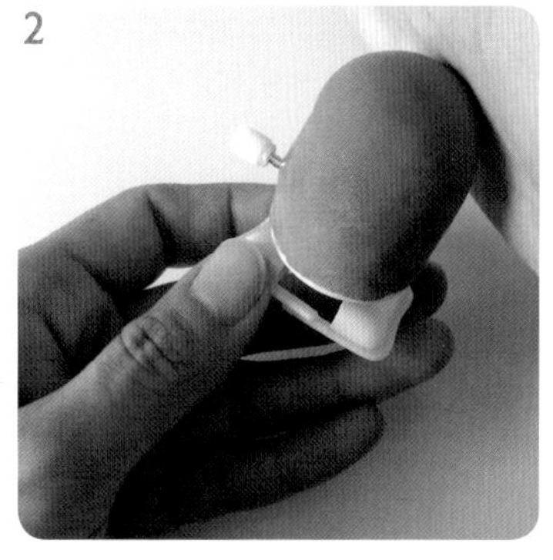

2 再把走路机芯也用棕色纸黏土包起来，做小熊的身体。

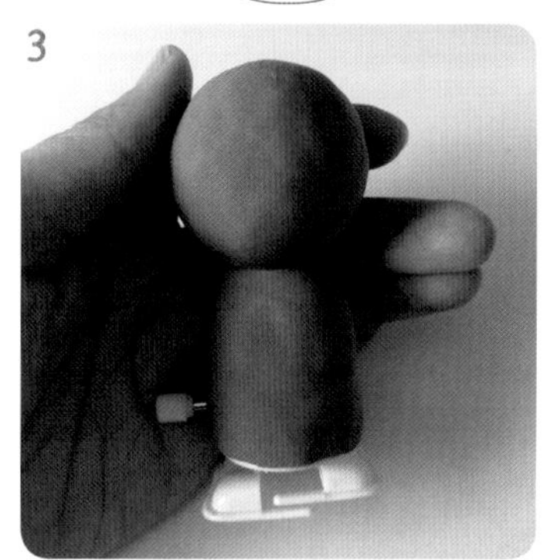

3 组合头部和身体。

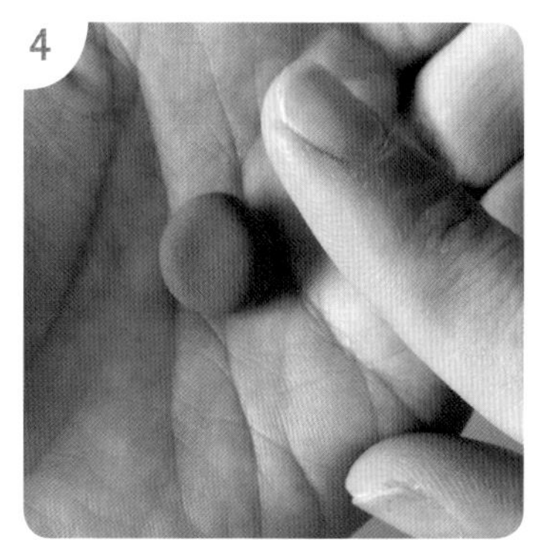

4 取适量棕色纸黏土揉圆压扁，做小熊的耳朵。

5 将小熊的耳朵与头部组合。

6 做出小熊的鼻子和嘴部。

7 用压痕工具压出小熊嘴巴的竖纹。用吸管压出嘴巴的横纹。

8 做出小熊的眼睛。

9 做出小熊怀里的蜂蜜罐，压出蜂蜜罐上的条纹，再用白棒压出罐口。

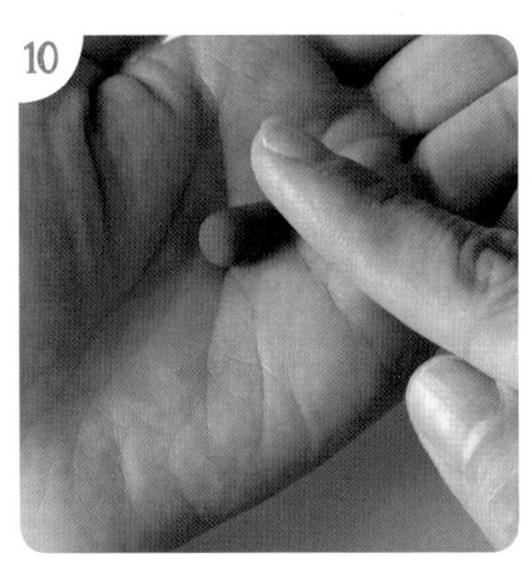

揉出两个棕色长水滴，做小熊的“胳膊”。

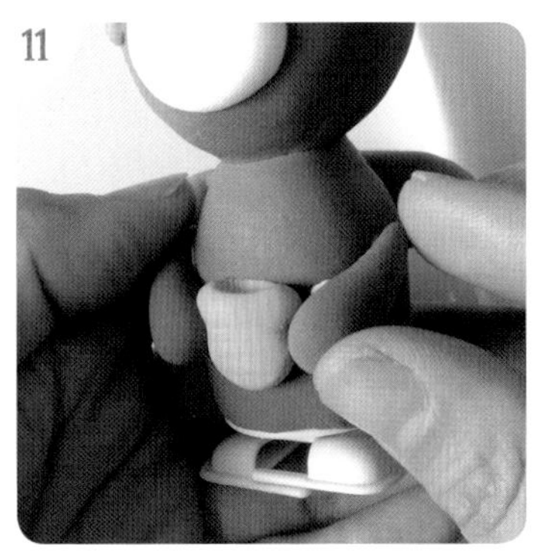

将小熊的“胳膊”与身体组合。

揉出 3 个黑色圆球，组合成领结。

将领结与身体组合，用压痕工具压出领结的纹理。

取适量黄色纸黏土做溢出来的蜂蜜。用棕色纸黏土修饰走路机芯的底部，小熊走起来会更有动感。

可以用两个圆球和一个水滴做一只蜜蜂作为小熊肩膀上的装饰。

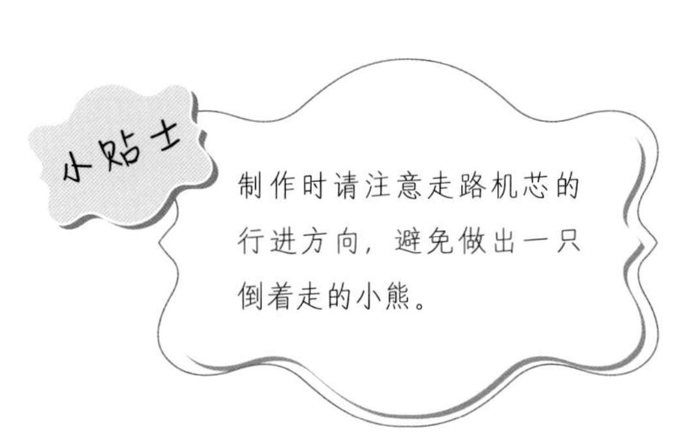

老鼠音乐盒

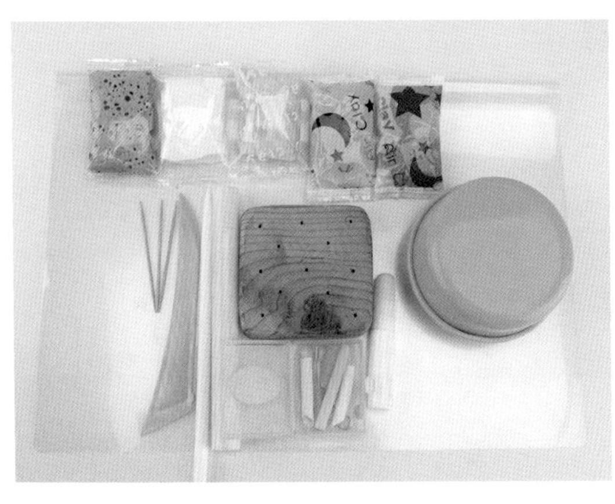

·材料及工具·

纸黏土，牙签，压痕工具，白棒，擀棒，晾晒板，吸管，白胶，音乐盒，文件夹。

· 步骤 ·

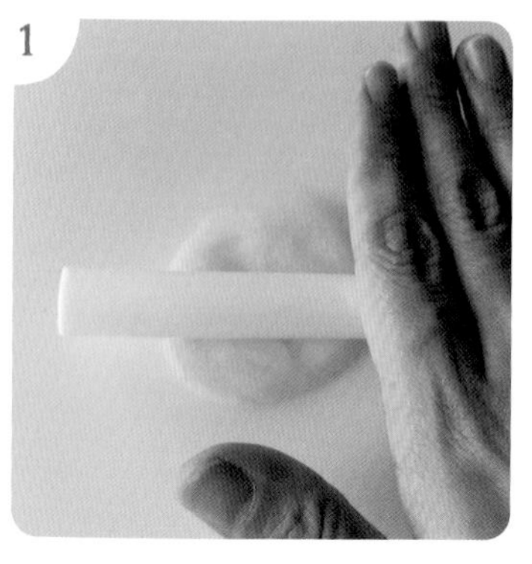

取适量粉色纸黏土放在防粘片中间，用擀棒擀开。

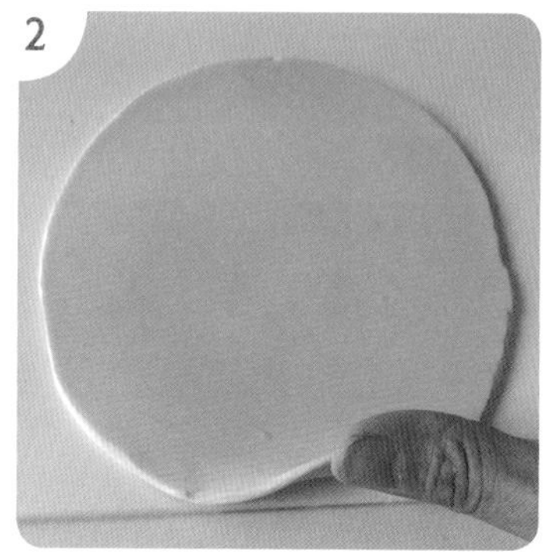

用手把擀好的圆片拨下来。

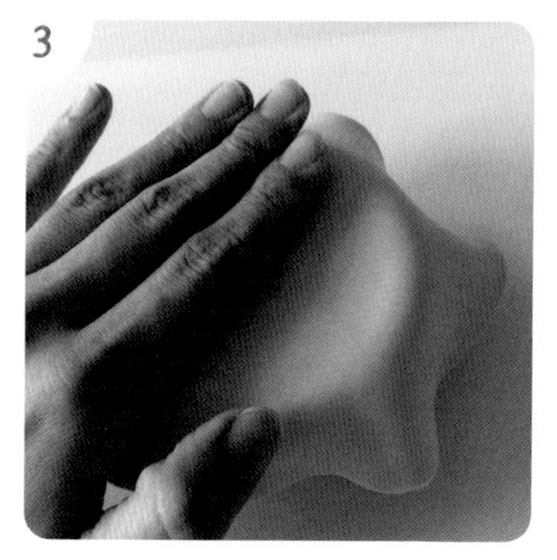

把圆片放在音乐盒上，用手按平，将音乐盒包起来。

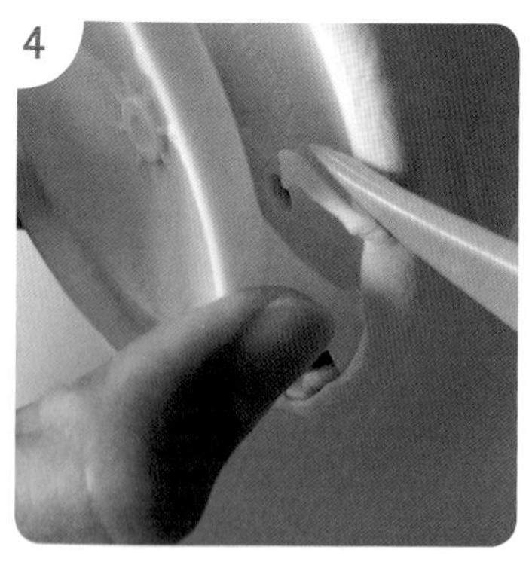

用压痕工具把多余的纸黏土去除。

取适量白色纸黏土搓圆揉长，用压痕工具分割，并将所有小段揉成胖水滴形。

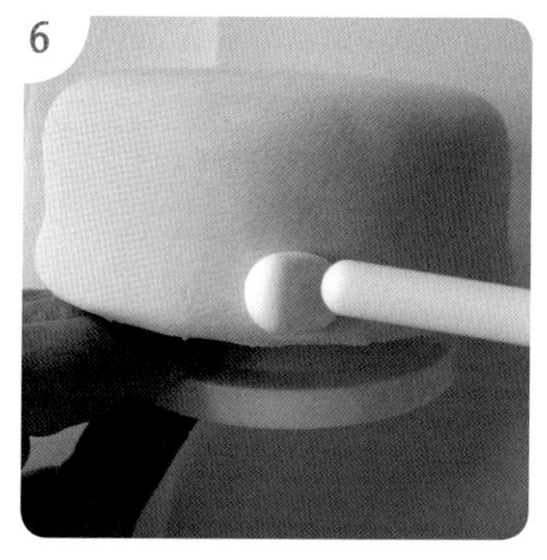

在音乐盒边缘涂上白胶，把揉好的胖水滴按压在上面。

用同样方法按压一圈。

取适量灰色纸黏土，揉成胖水滴形。

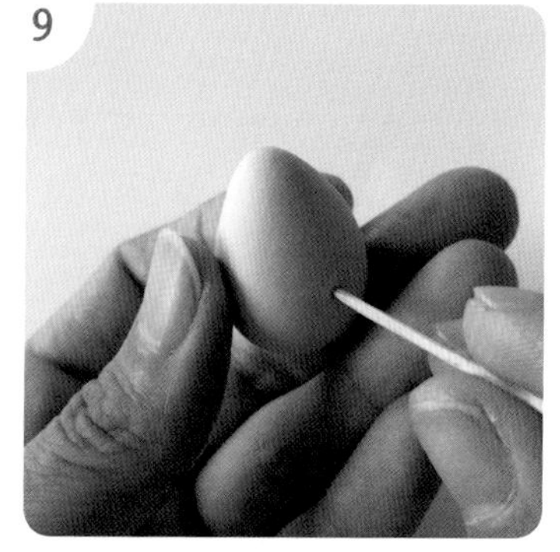

把胖水滴扎在牙签上。

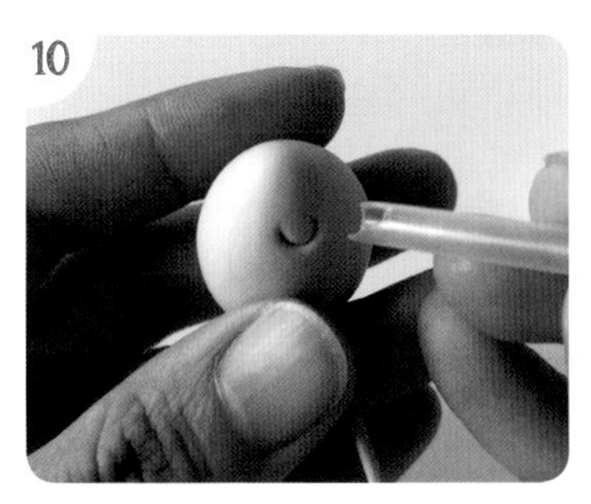

用吸管做出老鼠的嘴巴。

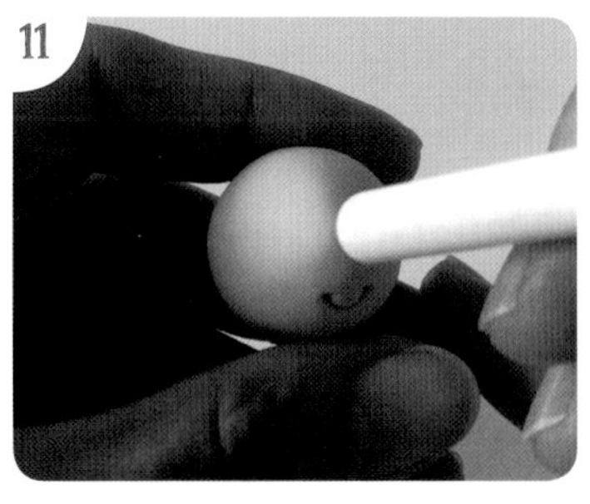

用白棒在尖尖的部位压一下，做出老鼠鼻子的凹坑。

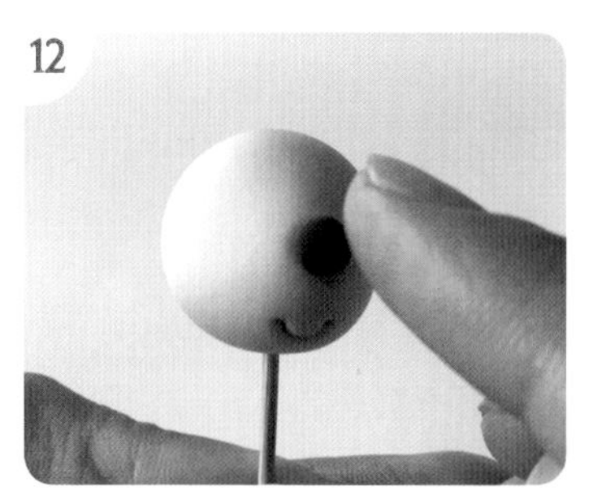

用黑色纸黏土揉出一个黑色圆球安在凹坑处做老鼠的鼻子。

揉两个圆球压扁粘在图示位置，做老鼠的两个耳朵。

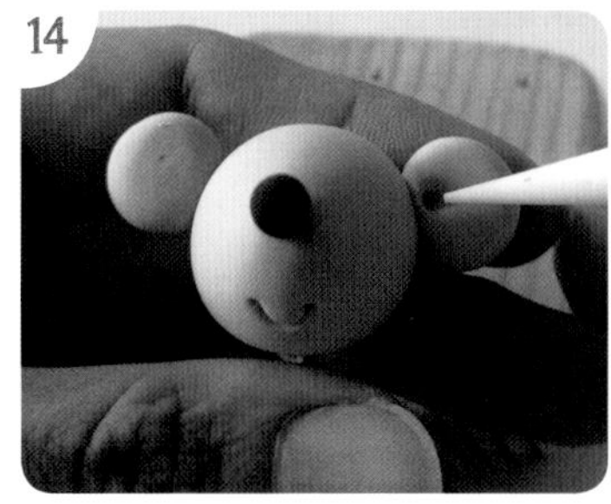

用白棒压出耳洞。

做出老鼠的眼睛。

做出眼睛和鼻子的高光、腮红。

揉出一个胖水滴做老鼠的身体。

在尖端插入牙签。

把做好的老鼠头部与身体组合。

揉出两个水滴形做老鼠的腿。

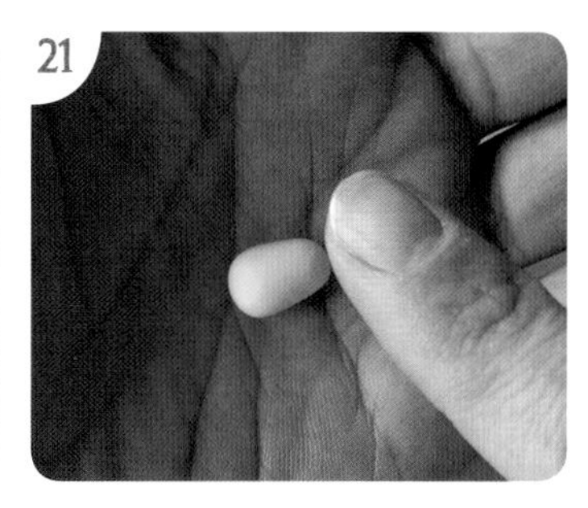

取适量黄色纸黏土揉成图示形状做玉米。

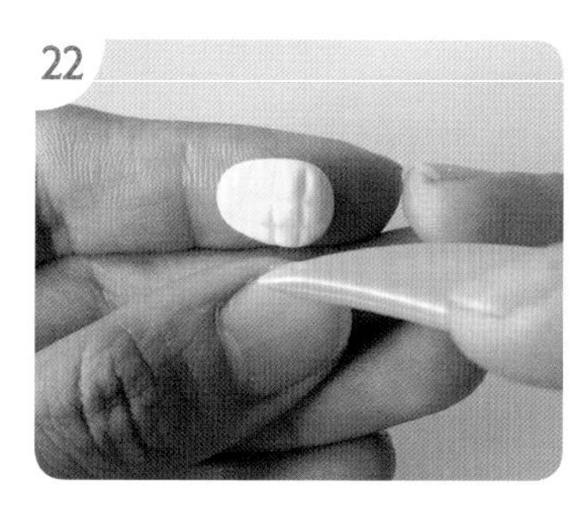

用压痕工具压出玉米粒的纹路。

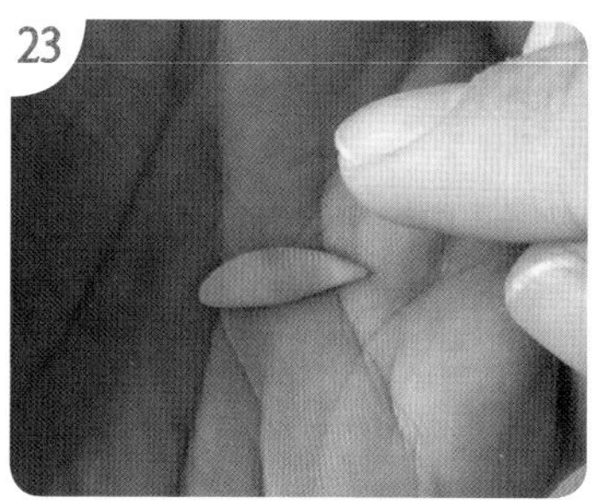

取适量绿色纸黏土揉成长水滴形，压扁。

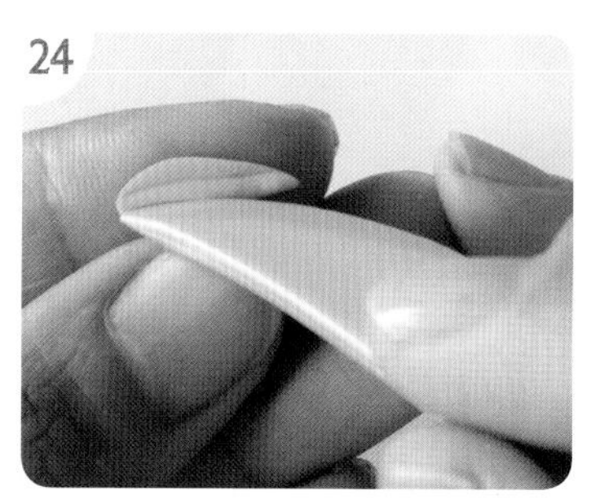

用压痕工具压出玉米皮的纹路。

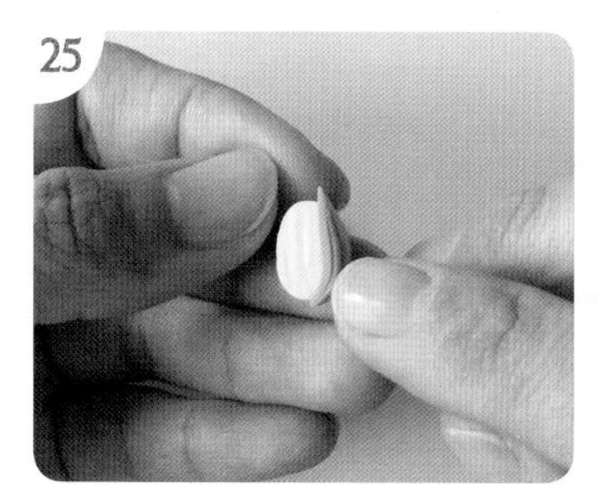

将玉米和玉米皮组合。

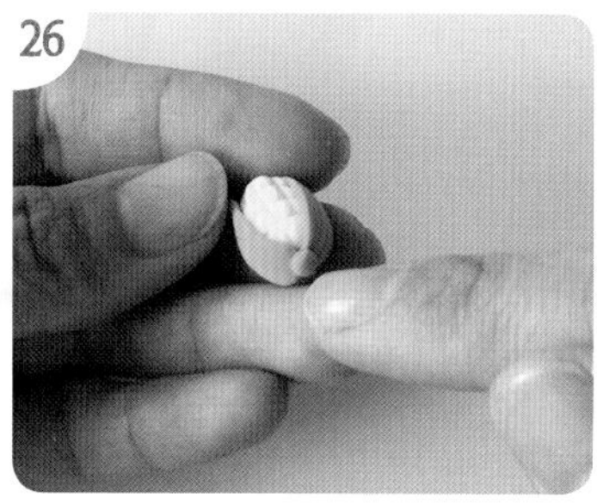

揉个小圆球与玉米主体组合。

把做好的玉米放在老鼠的怀里。

做出老鼠的“胳膊”。

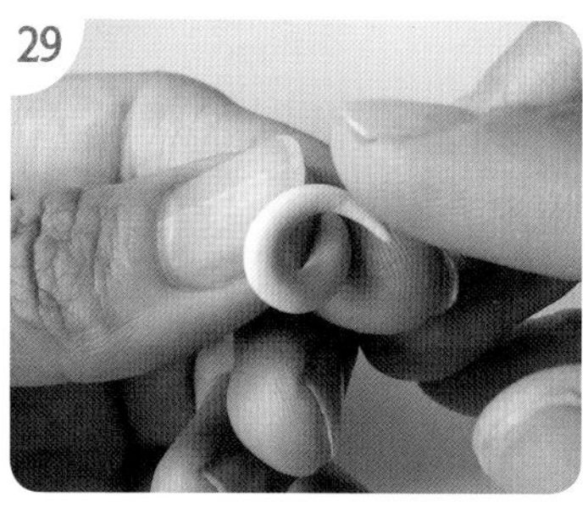

揉出长水滴，按图示造型。

将造好型的老鼠尾巴和身体组合。

做出另外一只老鼠，并与音乐盒组合。

做出图示字母和心形。

将字母和心形粘好。

第五章

把幸福收纳进来

王冠收纳盒

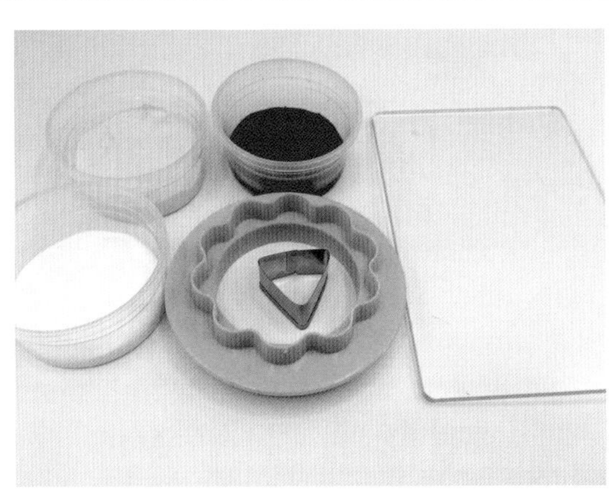

·材料及工具·

纸黏土，花形模具，三角模具，亚克力压板。

步骤

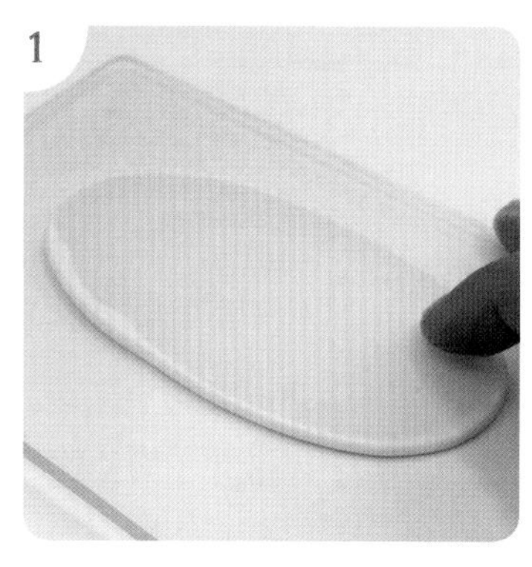

1 取适量黄色纸黏土揉成椭圆，用亚克力压板尽量压扁，但不要过薄。

2 用三角模具分割出十个小三角。

3 围成一圈。

4 取适量白色纸黏土揉圆压扁。

5 用花形模具压出花形底座。

6 组合，用红色圆球装饰顶部。

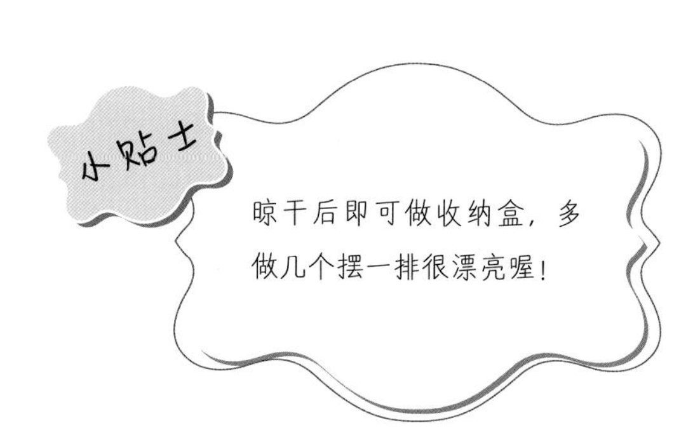

小贴士

晾干后即可做收纳盒，多做几个摆一排很漂亮喔！

独角兽戒指展示架

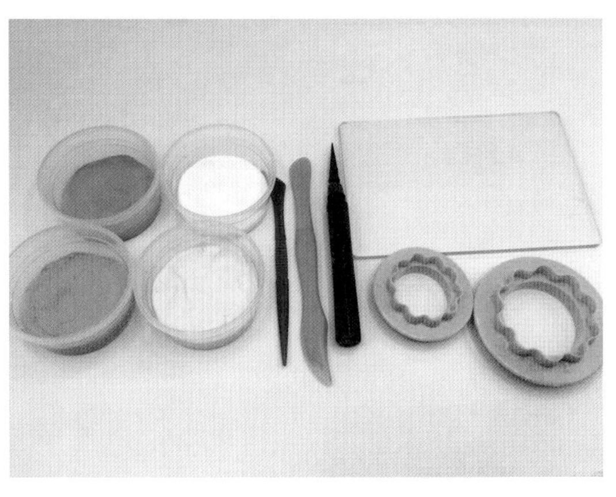

·材料及工具·

纸黏土，压痕、戳孔工具，仿真果酱，亚克力压板，大小花形模具。

· 步骤 ·

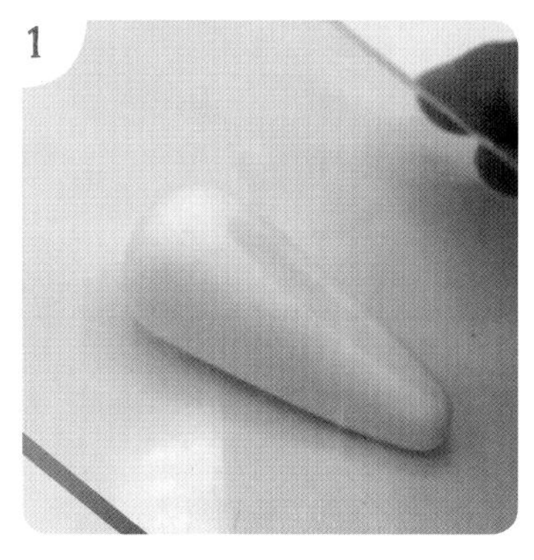

取适量白色纸黏土揉圆，用亚克力压板用力揉成水滴形。

将底部调平整，将尖端轻轻压向一侧做头部。

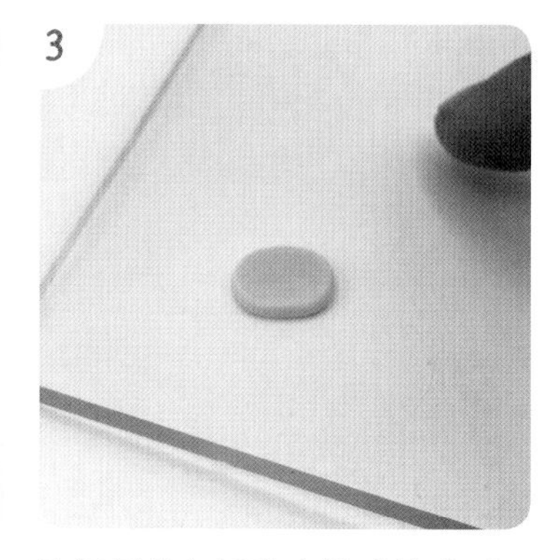

取适量蓝色纸黏土揉成椭球形，压扁。

粘在头部做嘴巴，用戳孔工具在两侧戳出鼻孔。

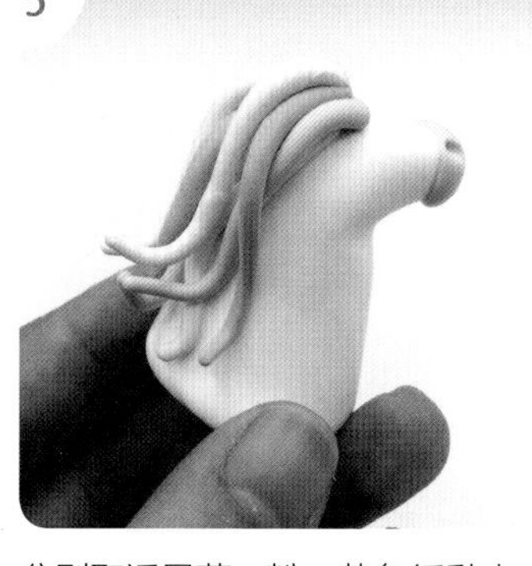

分别取适量蓝、粉、黄色纸黏土，用亚克力压板揉成长水滴形，粘在头部后上方做鬃毛。

将蓝、粉、黄三色纸黏土混一起，但不要混成一色。

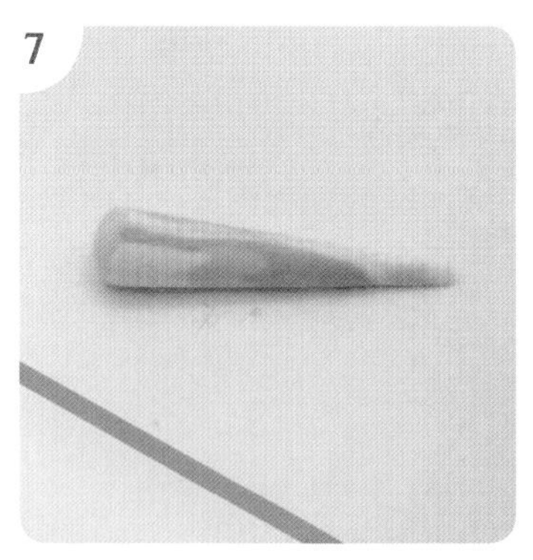

揉成水滴形。

一手转动水滴，一手用压痕工具压出压痕做角。

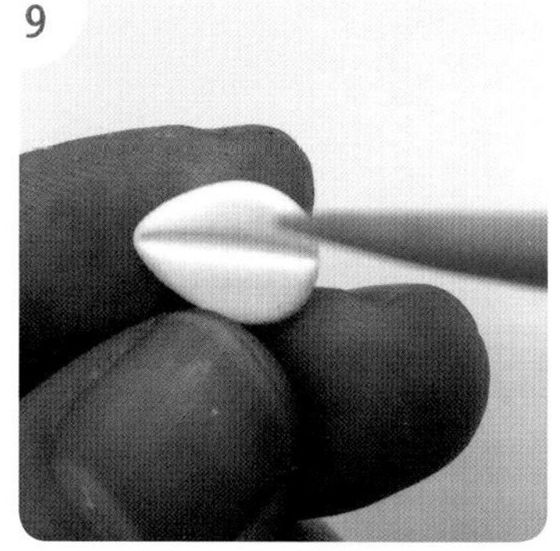

取适量白色纸黏土揉成水滴形压扁，用压痕工具在中间压痕做耳朵。

将耳朵粘在两侧靠后位置，揉几个小的长水滴粘在角周围。

用仿真果酱做出眼睛。

取适量白色纸黏土揉圆压扁，不要太薄。

用花形模具压出花形。

剩余纸黏土不要浪费，混一起揉圆压扁。

同样压出花形，组合做底座。

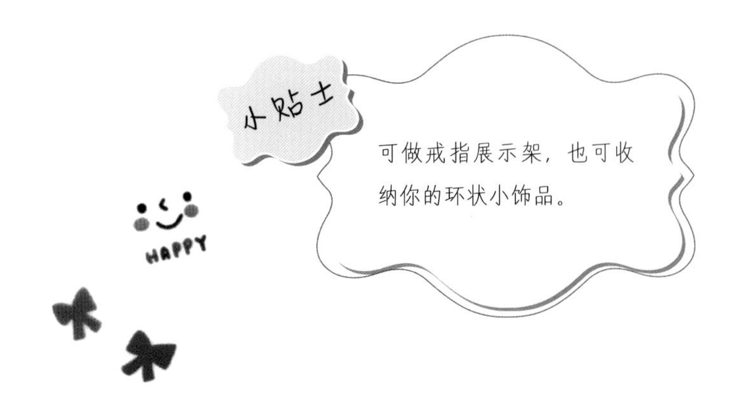

海豹六角盒

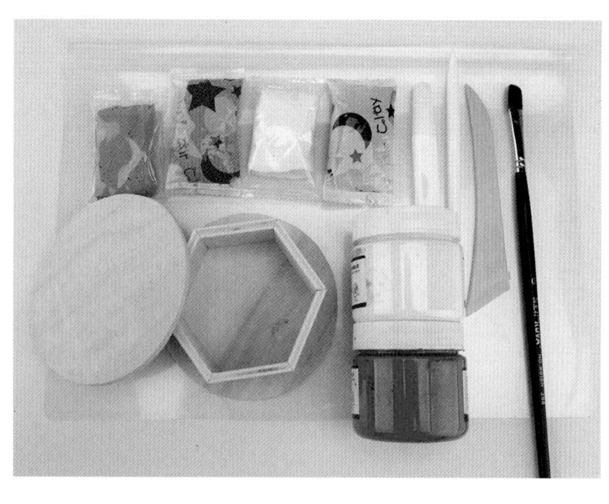

·材料及工具·

纸黏土，白胶，白棒，木头配件，颜料，压痕工具，画笔，文件夹。

• 步骤 •

取适量白色和蓝色纸黏土分别揉成长条状，并将它们扭成麻花状。

将双色麻花条揉圆压扁，粘在木质盒盖上。

用颜料将木盒外壁和盒底涂出渐变的颜色。

取适量白色纸黏土揉成水滴形，摆在盒盖上。

取适量白色纸黏土揉出两个水滴，压扁做尾巴。

将尾巴与身体组合。

取适量灰色纸黏土揉圆压扁。

将压扁的灰色纸黏土粘贴在身体上，用白棒做出嘴巴及周围的小点。

做出眼睛和鼻子。

10 做出红晕和眼睛的高光。

11 揉出两个水滴，做出海豹的前肢。

12 取适量黑色纸黏土分别做出圆饼形和水滴形。取适量红色纸黏土做出小一些的圆饼形，安在黑色圆饼上。

13 按图示组合。

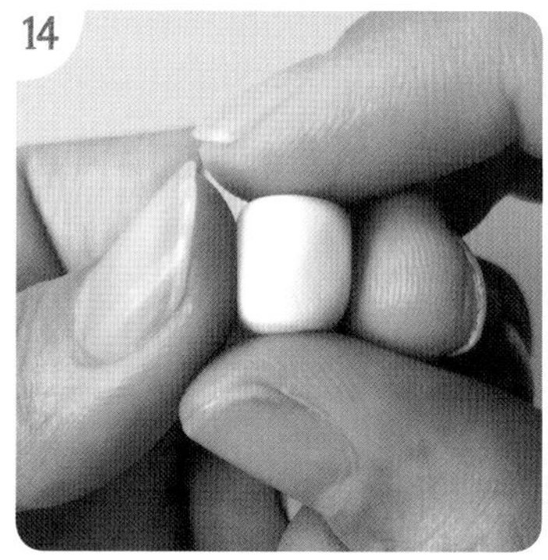

14 用白色纸黏土做出冰块。

15 摆放冰块。

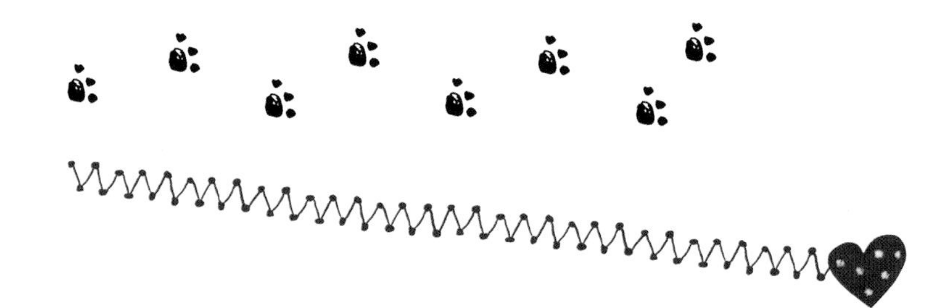

青蛙名片夹

材料及工具

压痕工具，白棒，七本针，擀棒，纸黏土，吸管，名片夹，文件夹。

· 步 骤 ·

1

取 3 块绿色纸黏土（一大两小）揉圆压扁，做青蛙的头部和眼睛。

2

用吸管压出青蛙的嘴巴。

3

用白棒扎出青蛙的鼻子。

4

做出青蛙的眼睛和红晕。

5

分别取适量绿色和白色纸黏土揉出水滴形，做出青蛙的身体和白肚皮。

6

揉两个长水滴做出青蛙的“双手”。

7

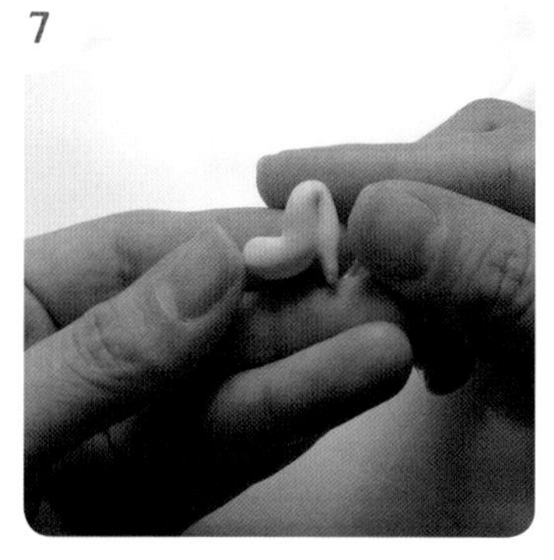

取适量绿色纸黏土揉出长水滴，做出图示造型。

8

用压痕工具压出脚趾的轮廓。

9

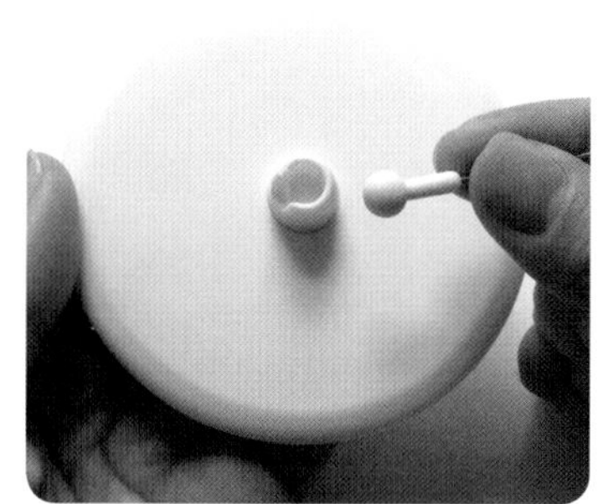

把名片夹分离。

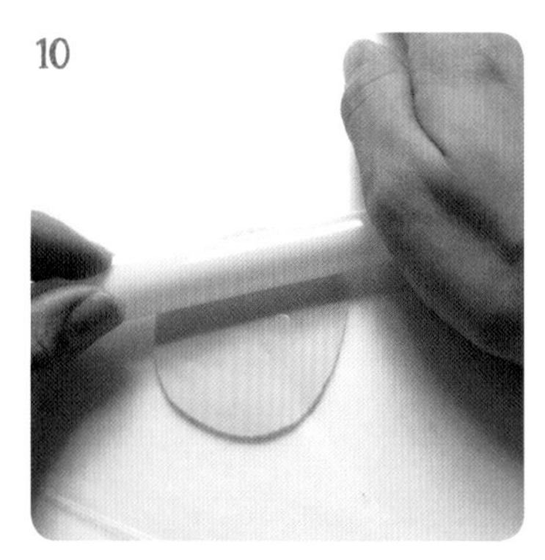

10

用擀棒把适量纸黏土擀开。

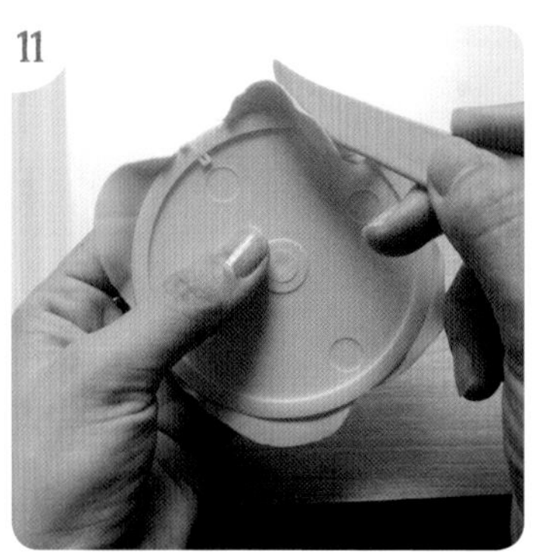

11

粘到名片夹上，并把多余部分用压痕工具去除。

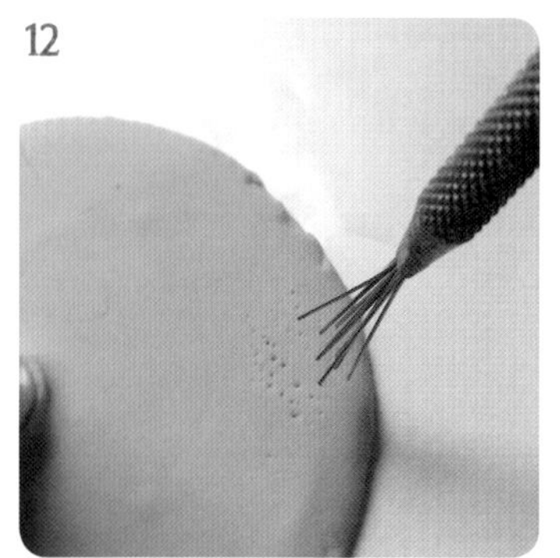

12

用七本针扎出草地的纹理。

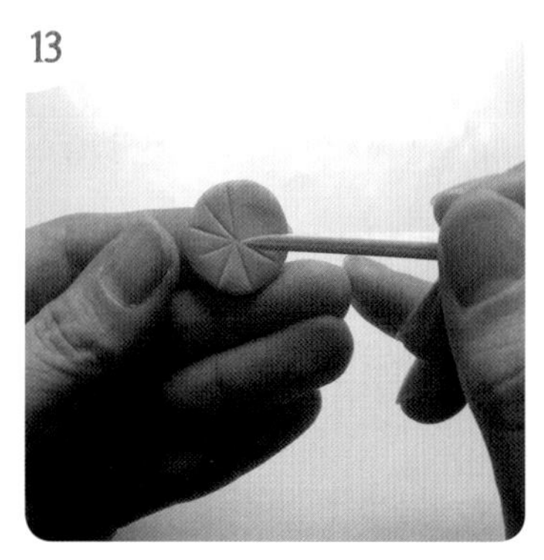

13

按图示做出荷叶，用压痕工具压出荷叶纹理。

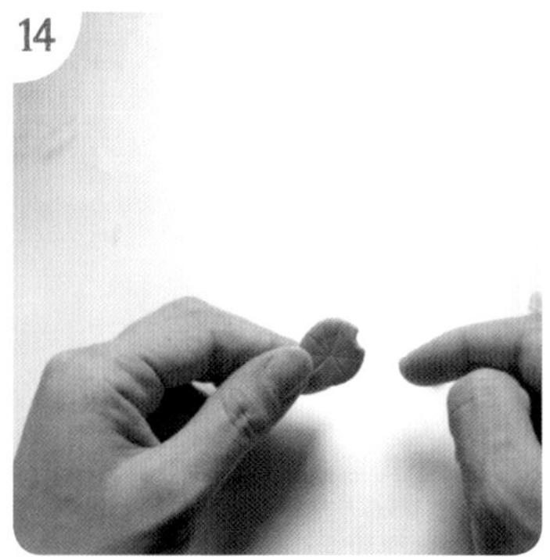

14

用吸管做出荷叶缺口的效果。

15

揉几个白色小圆球做出荷叶上水珠的效果，再将小青蛙粘上，就完成啦。

第六章 框起满满的回忆

快乐苹果相框

材料及工具

木头配件，白棒，压痕工具，白胶，吸管，擀棒，纸黏土，文件夹。

· 步 骤 ·

1

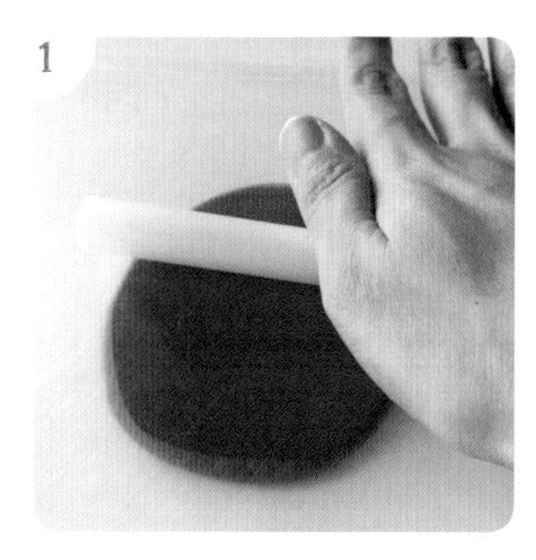

取适量红色纸黏土用擀棒擀平。

2

粘在木头配件上，并用压痕工具去除多余部分。用相同的方法做出叶子，并压出叶脉。

3

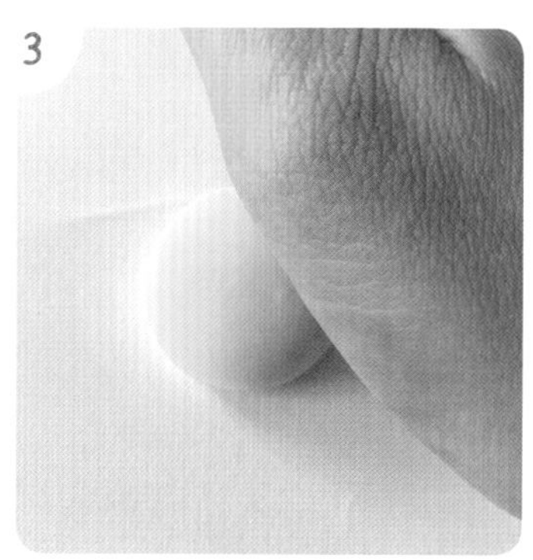

取适量绿色纸黏土揉圆，轻轻压一下。

4

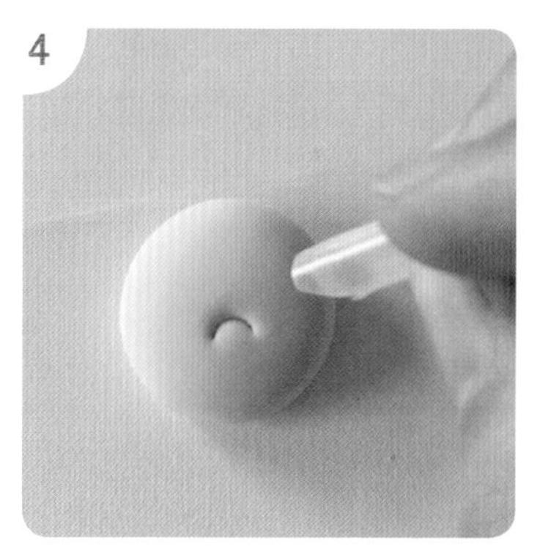

用吸管压出嘴巴，注意虫子的嘴巴是反着的，表示不高兴。

5

揉两个白色圆饼做出毛毛虫的白眼珠。

6

做出一个绿色圆饼，用压痕工具切开，放在白眼珠上面当毛毛虫的“眼皮”，再做出黑眼珠。

7

做出毛毛虫的身体、触角和脚。

8

再给毛毛虫做个蝴蝶结，组合后做出苹果的高光。

9

做出字母和心形。

校园回忆L框

·材料及工具·

纸黏土，L形相框，压痕工具，高光笔，字母模具，刀片，保利龙球，剪刀，亚克力压板。

·步骤·

1

取适量白色纸黏土揉圆，用亚克力压板压扁。

2

用刀片切成长方形。

3

取适量红色纸黏土揉长压扁，用刀片切成长方形，与白色纸黏土组合成中队长袖标。

4

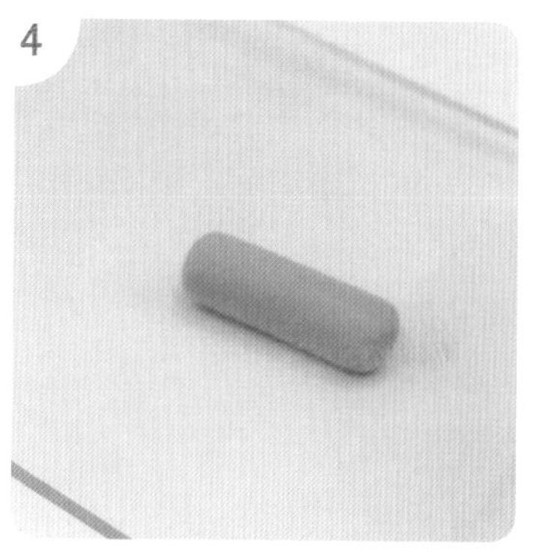

取适量蓝色纸黏土揉圆后搓成圆柱体。

5

取适量粉色纸黏土用相同手法做成圆柱体后与蓝色部分组合，并用压痕工具压出痕迹。

6

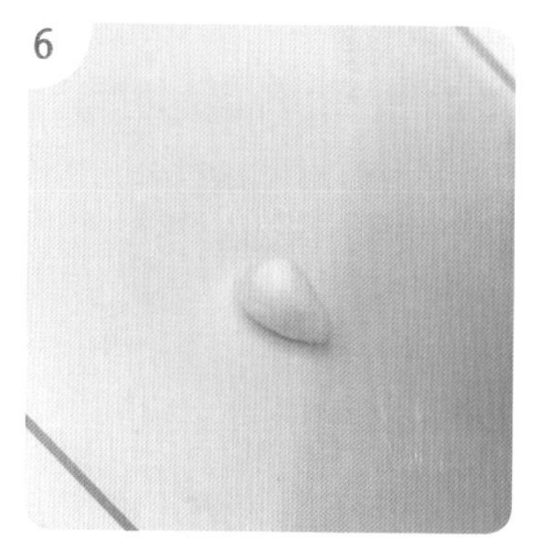

取适量白色纸黏土揉成小水滴形。

7

与铅笔主体部分连接后，再捏个黑色小水滴做笔尖。

8

按照自己的喜好做表情。

9

取适量黄、白色纸黏土压扁后用刀片切成大小两个长方形，组合到一起做书本。

10

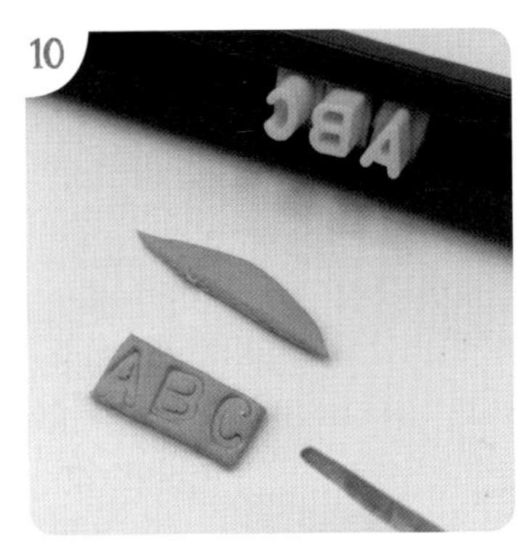

用字母模具压出 A、B、C 字样后修剪成所需大小，粘在书皮上。

11

用棕色纸黏土包裹住保利龙球并揉圆。

12

用两个棕色小球做耳朵，固定后轻轻压扁。

13

用黄色纸黏土揉圆修饰耳朵，白色纸黏土做嘴巴。

14

用黑色纸黏土做鼻子和眼睛，再用高光笔点亮眼睛，用粉色小球做腮红。

15

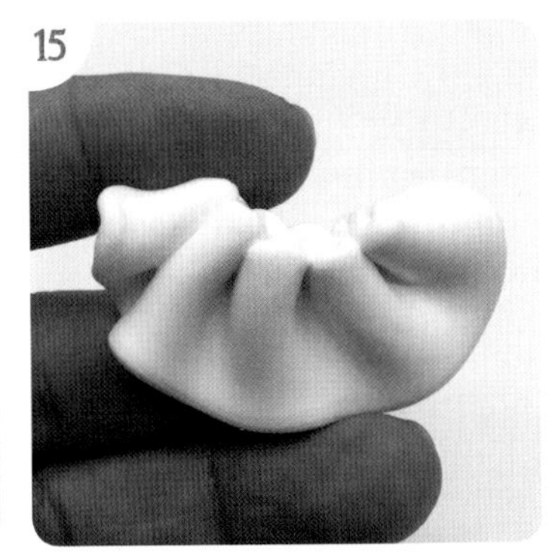

取适量白色纸黏土揉圆、搓长、压扁，捏出褶皱。

16

与小熊头部组合做领子。

17

取适量黄、粉两色纸黏土揉成长条，拧成麻花状，然后卷成棒棒糖。

18

再捏几个代表校园记忆的物品，将做好的各部分都粘到相框上就完成啦。

海底世界相框

·材料及工具·

纸黏土，白棒，压痕工具，吸管，文件夹，颜料，木头配件，画笔。

· 步 骤 ·

1

用蓝色颜料给相框上色。

2

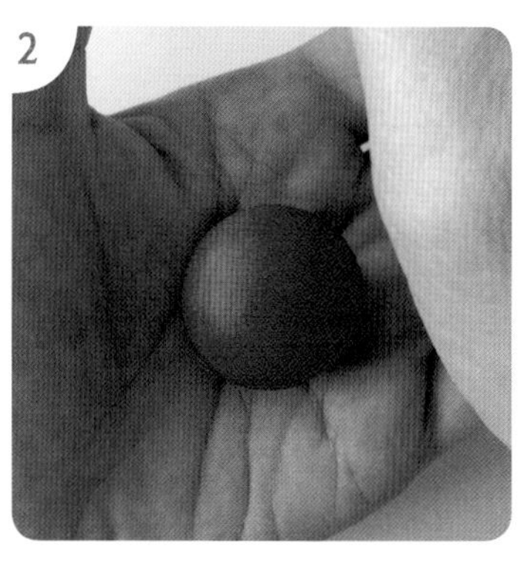

取适量红色纸黏土揉圆压扁，做螃蟹的身体。

3

做出白色圆饼，做螃蟹的肚皮，并用压痕工具压出痕迹。

4

用吸管做出螃蟹的嘴巴，再做出螃蟹的眼睛。

5

揉出两个红色水滴，用压痕工具压开做螃蟹钳子。

6

捏红色小圆球来将螃蟹钳子与身体组合，再做出螃蟹剩余的脚和红晕。

7

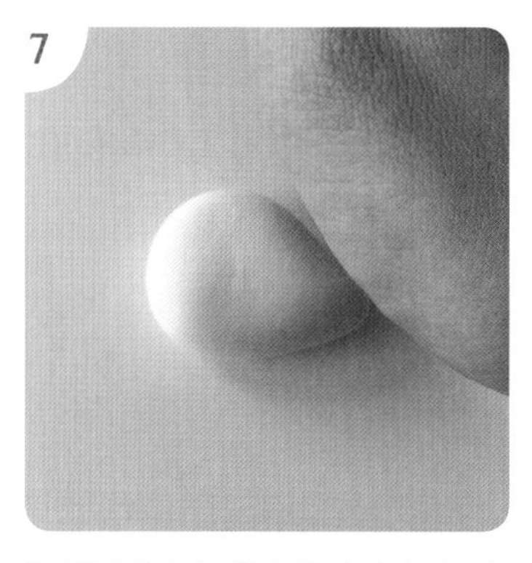

取适量蓝色纸黏土揉成胖水滴形，用手掌压扁做鲸鱼身体。

8

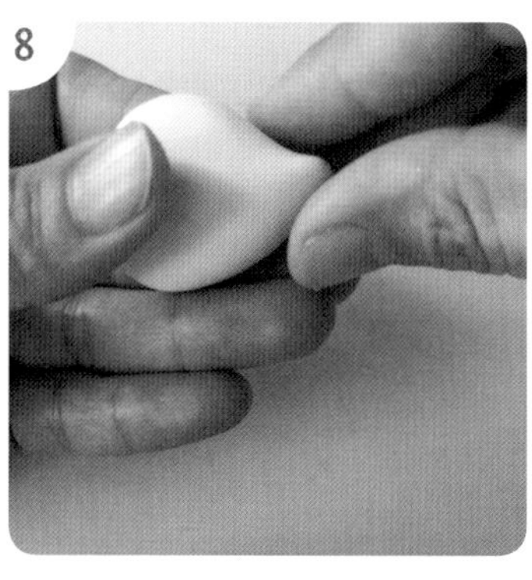

用手指把尖的一端做出效果。

9

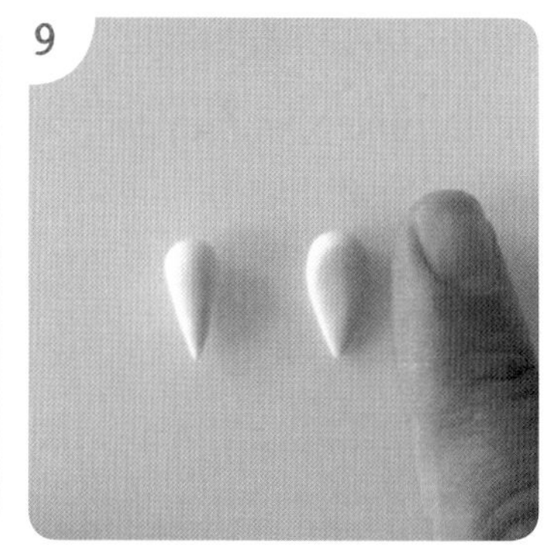

取适量蓝色纸黏土揉出两个水滴，压扁做鲸鱼尾巴。

将鲸鱼尾巴与鲸鱼身体组合。

做出鲸鱼的眼睛和红晕。

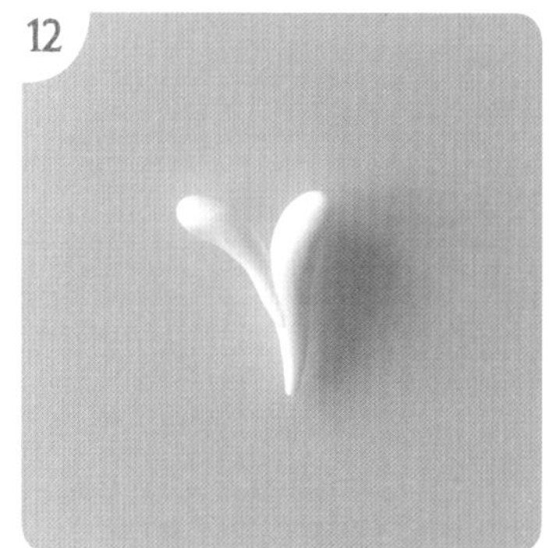

做出鲸鱼的水花。

做出鲸鱼的白肚皮。

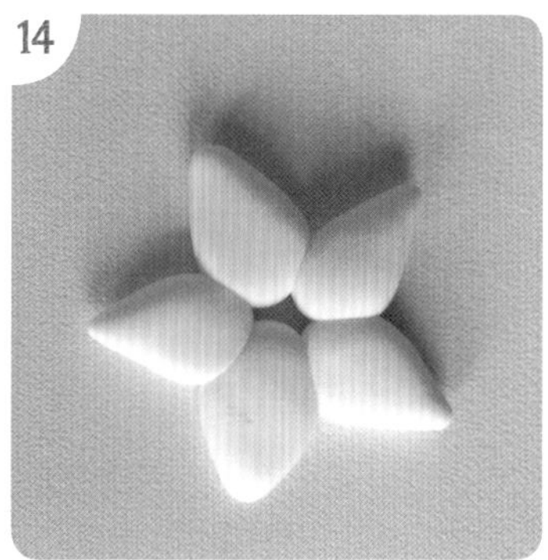

取适量黄色纸黏土揉出 5 个水滴，将其组合，压扁。

做个白色圆饼置于中心，并用白棒扎出凹坑。

用同样方法制作海星吸盘。

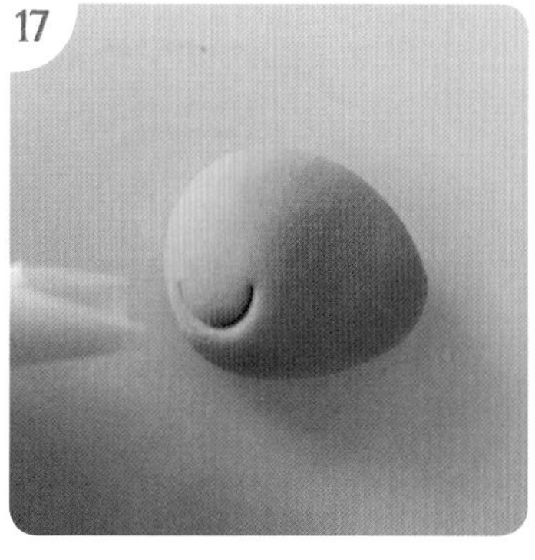

取适量橙色纸黏土揉成水滴形并压扁，用吸管压出嘴巴形状。

做出小鱼的眼睛。

做出小鱼的尾巴和鳍。

取适量绿色纸黏土揉成长条形并压扁，再将其扭成海藻状。

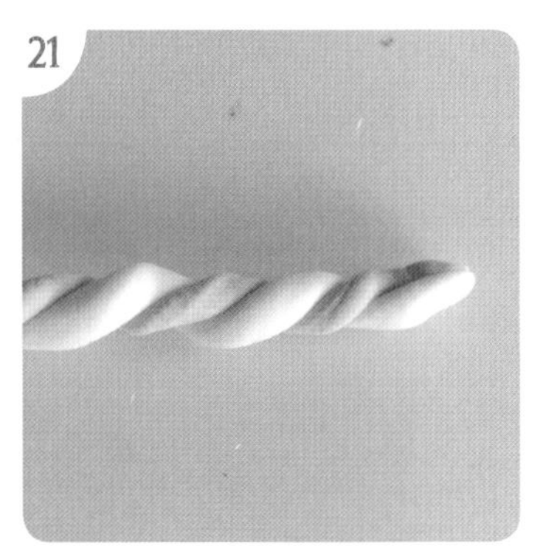
取适量白色和粉色纸黏土扭成麻花状。

揉成带花纹的小石头。

取适量橙色纸黏土揉成胖水滴，用压痕工具压出纹理。

揉出一个小长条按图示组合成扇贝。

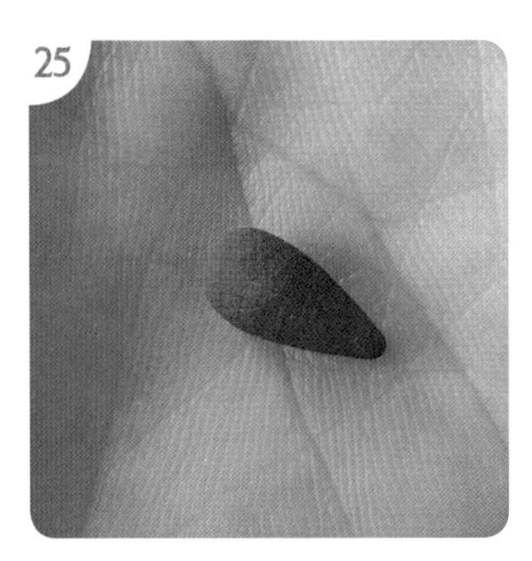
取适量红色纸黏土揉成水滴形。

按图示方法组装红水滴。

组合完成。

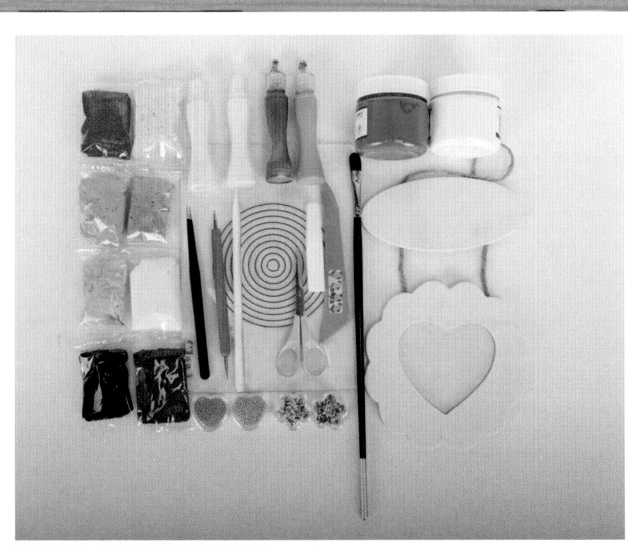

·材料及工具·

纸黏土，仿真果酱，镊子，仿真食品配件，圆头笔，白棒，亚克力压板，剪刀，压痕工具，白胶，颜料，画笔，木头配件。

· 步 骤 ·

摩天轮做法

1

先用颜料把木头配件涂成蓝色。

2

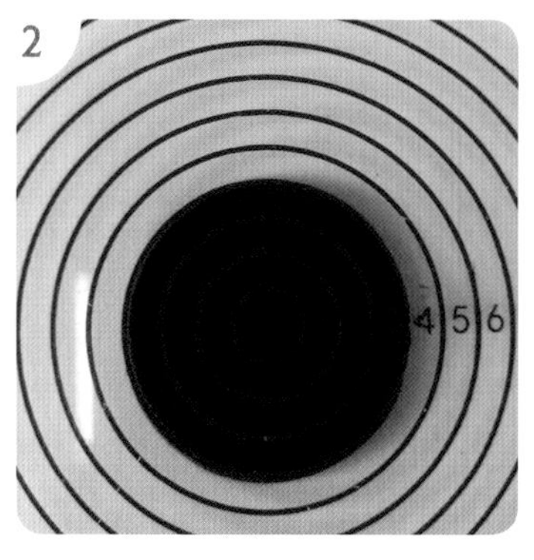

取适量黑色纸黏土揉圆压扁。

3

按图示排列。

4

取适量黄色纸黏土揉圆压扁，用压痕工具一分为二。

5

与黑色圆饼组合，并用压痕工具压出装饰点。

6

取适量黄色纸黏土揉成长条，按图示组合。

7

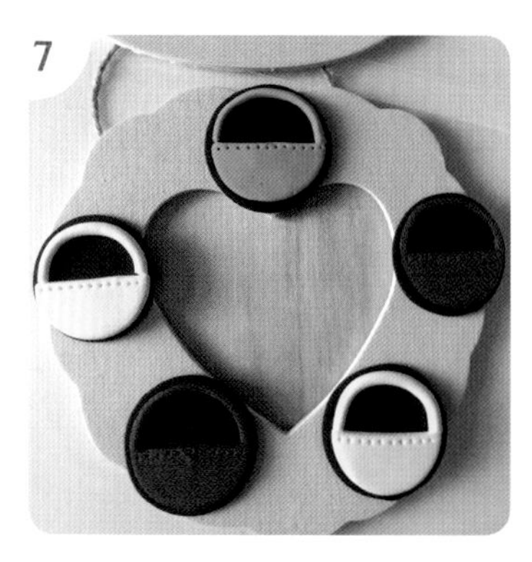

用同样方法做出其他颜色的摩天轮舱。

8

做出图示字母。

9

分别用粉色、蓝色、黄色和棕色的仿真果酱涂在字母上。

10

加上仿真糖做装饰。

小黄鸡的做法

1

取适量黄色纸黏土揉圆压扁。

2

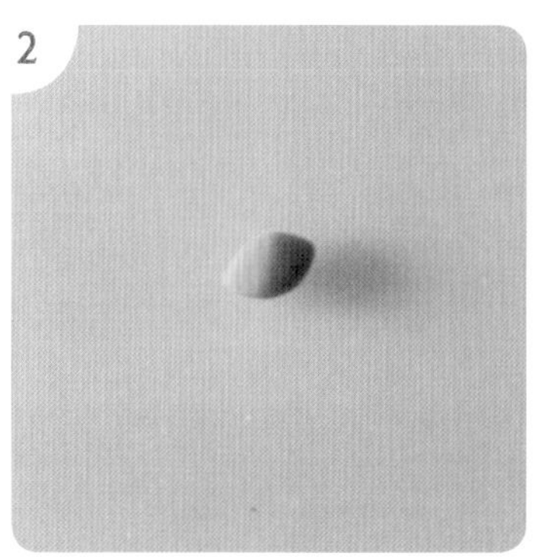

用橙色纸黏土揉出图示形状，做小黄鸡的嘴巴。

3

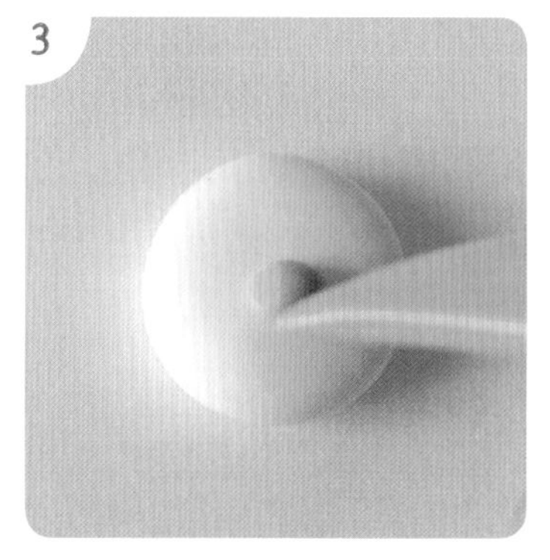

用压痕工具压出痕迹。

4

做出小黄鸡的腮红和眼睛。

5

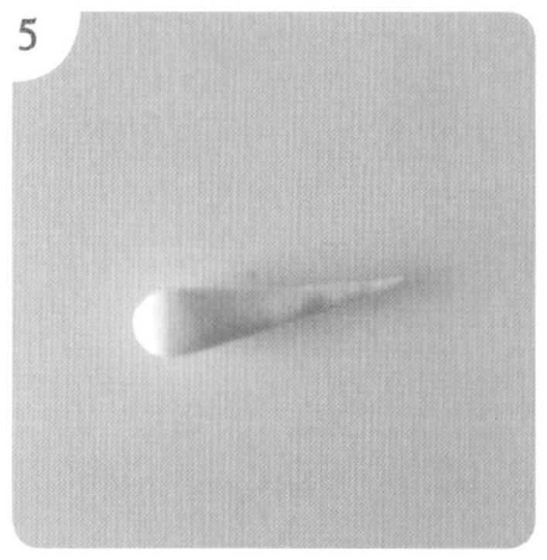

取适量黄色纸黏土揉成水滴形。

6

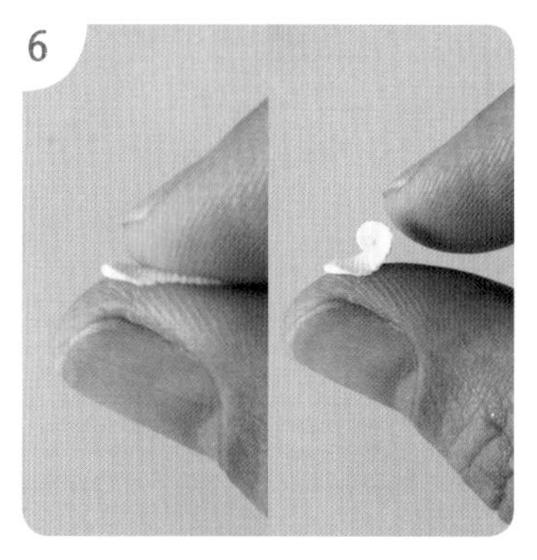

用手压扁，再用食指轻推。

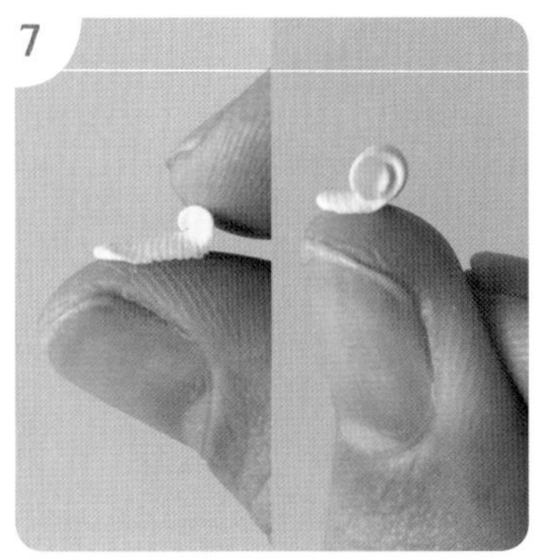

轻轻卷成卷。

用同样方法做 3 个卷状头饰。

用适量黄色纸黏土揉出两个长水滴做小黄鸡的翅膀，再将做好的小黄鸡粘在摩天轮上。

小兔子的做法

取适量粉色纸黏土揉圆压扁。

用吸管压出兔子嘴巴的形状，揉出黑色鼻子，再做出兔子的眼睛。

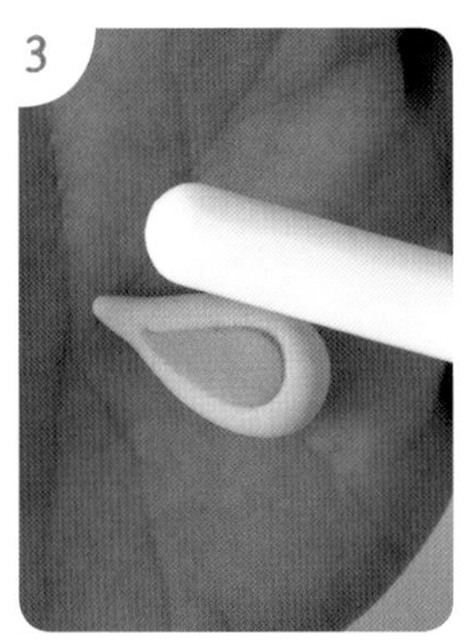

揉出水滴形状，如图叠放，并用白棒压出耳朵形状。

将耳朵与兔子头部组合。做出腮红和腿后，再将兔子与摩天轮组合。

小象做法

取适量蓝色纸黏土揉圆压扁做小象的头部。

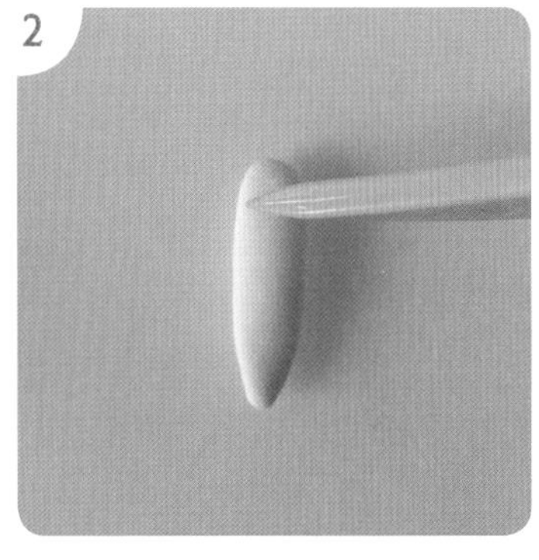

再揉一个蓝色长水滴，压扁，用压痕工具做出鼻子上的纹理。

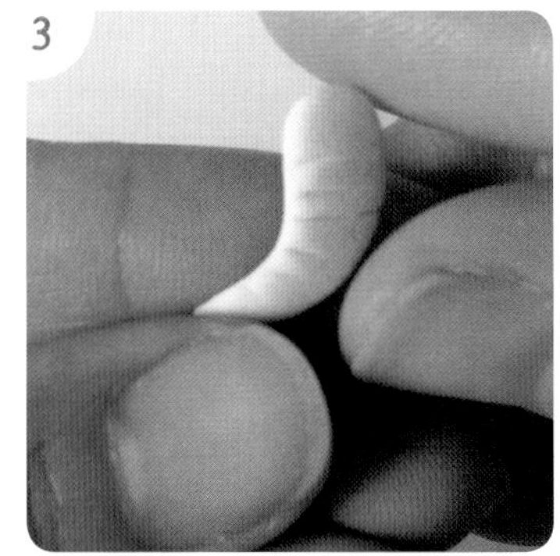

把长水滴做成图示的样子做小象的鼻子。

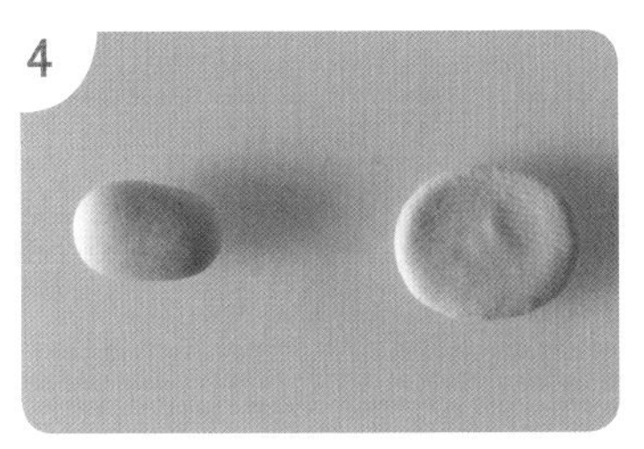

再取适量蓝色纸黏土揉成椭圆形，压扁做出小象的耳朵。

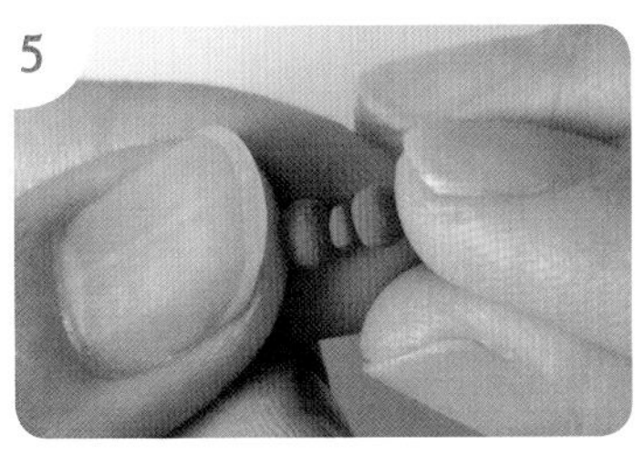

揉两大一小三个红色的小圆球，做成蝴蝶结。

将小象的鼻子、耳朵和蝴蝶结与头部组合，再做出眼睛和腮红。

小白鸡做法

取适量白色纸黏土揉成胖水滴状，压扁。

揉两个红色的水滴，按图示组装后，做出小白鸡的嘴巴和眼睛。

做两个红色的水滴粘在小白鸡的嘴下方，再做出腮红和小爪子，组合完成。

小猪做法

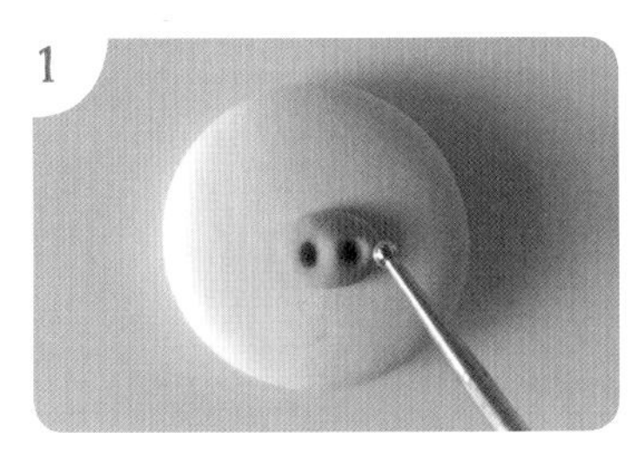

取适量肉色纸黏土揉圆压扁，再用橙色纸黏土做鼻子，用圆头笔压出小猪的鼻孔。

做出小猪的眼睛、红晕和嘴巴。

揉两个橙色水滴压扁，做出小猪的耳朵，再做两只小脚，组合完成。

云朵做法

取适量蓝色纸黏土揉成圆饼状。

用白棒做出云朵的形状。

将云朵粘上就完工啦。

其他作品欣赏

圣诞麋鹿音乐盒

视频教程 ➜ 

圣诞老人音乐盒

视频教程 ➜ 

圣诞雪人音乐盒

视频教程 →

圣诞树音乐盒

视频教程 →

鹦鹉

视频教程 →

轻软的黏土十分有魅力，很容易买到，就算没有美术基础也可以捏出可爱美观的作品。闲暇之余拿出一块黏土揉一揉，捏一捏，让人爱不释手。本书包含 34 个作品的详细教程，其中大部分作品不仅有欣赏价值，还有实际用途，如玩具、收纳用品、音乐盒等。书中不仅有基础技法的微视频，还有 5 个完整的视频教程，便于零基础的手工爱好者学习掌握。本书可供零基础手工爱好者学习，也可为手工达人提供灵感和创意，还可作为中小学手工课参考书和亲子读物。

图书在版编目（CIP）数据

黏土萌物志 / 黄树青，马娟著. — 北京：机械工业出版社，2018.4
（手工慢调：达人手作课堂）
ISBN 978-7-111-59262-4

Ⅰ. ①黏… Ⅱ. ①黄… ②马… Ⅲ. ①粘土-手工艺品-制作 Ⅳ. ①TS973.5

中国版本图书馆CIP数据核字（2018）第038362号

机械工业出版社（北京市百万庄大街22号 邮政编码100037）
策划编辑：于翠翠 责任编辑：于翠翠
责任校对：王 欣 责任印制：常天培
北京市雅迪彩色印刷有限公司印刷

2018年7月第1版 · 第1次印刷
187mm × 260mm · 6印张 · 2插页 · 134千字
标准书号：ISBN 978-7-111-59262-4
定价：39.80 元

凡购本书，如有缺页、倒页、脱页，由本社发行部调换

电话服务	网络服务
服务咨询热线：（010）88361066	机 工 官 网：www.cmpbook.com
读者购书热线：（010）68326294	机 工 官 博：weibo.com/cmp1952
（010）88379203	教育服务网：www.cmpedu.com
封面无防伪标均为盗版	金 书 网：www.golden-book.com